Carl-Auer

Helmut Willke

Einführung in das systemische Wissensmanagement

2004

Carl-Auer-Systeme im Internet: **www.carl-auer.de**
Bitte fordern Sie unser Gesamtverzeichnis an:

Carl-Auer-Systeme Verlag
Weberstr. 2
69120 Heidelberg

Umschlaggestaltung: Goebel/Riemer
Satz: Verlagsservice Hegele, Dossenheim
Printed in Germany
Druck und Bindung: Freiburger Graphische Betriebe, Freiburg i. Br., www.fgb.de

Erste Auflage, 2004
ISBN 3-89670-457-5

Bibliografische Information Der Deutschen Bibliothek
Die Deutsche Bibliothek verzeichnet diese Publikation in der Deutschen Nationalbibliografie; detaillierte bibliografische Daten sind im Internet über http://dnb.ddb.de abrufbar.

Inhalt

1 Was heißt hier systemisch?

1.1 *Die drei Quellen des systemischen Denkens*

Das systemische Denken speist sich aus vielen Quellen. Drei der wichtigsten sind:

- die Gestalttheorie,
- die systemische Familientherapie und
- die soziologische Systemtheorie.

1) Die *Gestalttheorie* begründet eine konstruktivistische Sicht des menschlichen Erkennens, indem sie die zentrale Idee ausarbeitet, dass es das mentale System des Menschen ist, das aus bestimmten Elementen ein Ganzes, eine prägnante Gestalt „konstruiert", obwohl physikalisch gesehen eben nicht diese Gestalt, sondern nur die Elemente selbst gegeben sind (Überblick bei Walter 1994). Damit setzt die Gestalttheorie das Denken auf eine Spur, die in den verschiedensten Disziplinen und in ganz unterschiedlichen Formulierungen zu einer wichtigen Komponente des Systemischen führen: Das menschliche Denken (genauer: das mentale System des Menschen) konstruiert Zusammenhänge zwischen bestimmten Elementen und formt daraus Gestalten: Einheiten, Kontexte, Figuren, Ordnungen.

Dies scheint den evolutionären Sinn zu haben, die Vielfalt und Vielzahl empirischer Phänomene unter bestimmten Gesichtspunkten zusammenzufassen, zu ordnen, überschaubarer und erkennbarer zu machen, insgesamt also die verwirrende Komplexität möglicher Beobachtungen dadurch zu steuern, dass diese Komplexität in den Rahmen erkennbarer „Gestalten" und definierter Ordnungen gezwungen wird. Die Gestalttheorie trägt damit eine grundlegende erkenntnistheoretische Einsicht bei: Die Wirklichkeit besteht aus systemischen Erscheinungen, die das mentale System des Menschen aus der Fülle diffuser Signale formt.

Dies beleuchtet eine wichtige Seite des Systemischen: *Jedes System ist die Konstruktion eines Beobachters, der nach seinen eigenen Beobachtungsregeln Elemente zu einer Ordnung zusammenfasst.* Dies ist die konstruktivistische Seite des Systemischen.

2) Die *systemische Familientherapie,* die sich ab den 1940er-Jahren im Umkreis der Palo-Alto-Gruppe um Gregory Bateson, Don Jackson, Paul Watzlawik, Virginia Satir und andere herausgebildet hat (Überblick bei Marc und Picard 1991), fokussiert auf die erstaunlichste Besonderheit sozialer Systeme – auf Kommunikation. Auf der Grundlage einer engen Verzahnung von Theorie und Praxis arbeitet diese Denkrichtung heraus, dass ein Gebilde (wie etwa eine Familie) nicht nur aus den einzelnen Personen besteht und nicht hinreichend verstanden wird, wenn man nur auf die Personen selbst schaut. Vielmehr kommt etwas ganz Eigenständiges dazu. Erst dieses Zusätzliche macht aus einer Anzahl von Personen ein eigenes, unverwechselbares Gebilde: eine Familie. Dieses Eigene erwächst aus den sprachlich geformten Interaktionen zwischen den Familienmitgliedern: aus Kommunikationen, die sich im Laufe der Genese und Geschichte einer Familie zu bestimmten Strukturen, Prozessen und Regeln der Kommunikation verdichten, also spezifische Kommunikationsmuster bilden, welche die Identität einer bestimmten Familie als System konstituieren.

Mit Kommunikation kommt die wichtigste Seite des Systemischen zum Vorschein, sobald es um soziale Systeme geht. Die genaue Bedeutung von Kommunikation für den Aufbau sozialer Systeme ist noch keineswegs hinreichend geklärt. Hier spielen komplizierte Zusammenhänge und Interferenzen zwischen Denken, Sprache und Kommunikation eine Rolle, die auch in den Spezialdisziplinen der kognitiven Psychologie, der Linguistik und der Kommunikationstheorie noch dunkel sind. Zumindest aber ist deutlich, dass Denken und Sprechen gemeinsam (koevolutionär) entstanden und damit auf das Engste mit einander verzahnt sind.

Auf der einen Seite findet das Denken in aller Regel gerade nicht als das „wilde Denken" statt, sondern in der zivilisatorisch gezähmten Form des sprachlich gefassten und sprachlich geordneten Denkens – also als sprachliches Denken oder als inneres Sprechen. Und auf der anderen Seite ist die Sprache ein ganz eigenständiges symbolisches System, das nicht ein einzelner Mensch „hat" oder beherrscht und das niemand erfunden oder geschaffen hat und das auch niemand anstellt oder abstellt.

Ohne dass wir hier ins Einzelne gehen, müssen wir diese Komplikationen im Verhältnis von Denken, Sprache und Kommunikation sehen, um verstehen zu können, was mit der Möglichkeit zur Kommunikation auf den Menschen zukommt. Kommunikation eröffnet eine ganze Welt der Systembildung. Das jeweils Systemische der unterschiedlichsten sozialen Systeme ist dann darin zu sehen, dass sie auf Kommunikation beruhen. Kommunikation schafft Welten jenseits der Ebene des konkreten Menschen – Welten, die aus Mustern und Ordnungen von Symbolen bestehen und genau darin über den Menschen als Organismus hinausreichen und in diesem Sinne „transpersonale" oder systemische Qualitäten aufweisen.

Dies beleuchtet die zweite wesentliche Seite des Systemischen: *Jedes soziale System ist die Konstruktion von Beobachtern. Allerdings definieren nicht nur Menschen relevante Beobachtungsmuster, sondern insbesondere auch die Sprache als grundlegendes symbolisches System. Über Sprache entstehen kommunikative Realitäten, die sich vom einzelnen Menschen lösen und überdauernde Kontexte erzeugen, die als soziale Systeme in ein*

Spannungsverhältnis zum Menschen treten können. Dies ist die kommunikationstheoretische Seite des Systemischen.

3) Die *soziologische Systemtheorie*, die auf Arbeiten von Talcott Parsons, William Buckley u. a. gründet und die insbesondere von Niklas Luhmann in einem umfassenden Lebenswerk weiterentwickelt worden ist, beginnt mit der gerade ausgeführten besonderen Rolle von Kommunikation. Luhmann radikalisiert diese Sichtweise mehrfach. Er fügt der Leitdifferenz von System/Umwelt die auf die Innendynamik zielende Leitdifferenz von Selbstreferenz/Fremdreferenz hinzu und macht somit von vornherein die Idee der Abschließung und Autonomie sozialer Systeme zum Kernthema des systemischen Denkens.

Der Begriff des selbstreferenziellen Systems hat seine radikalste Ausformulierung sicherlich in Maturanas biologischer Theorie der Autopoiese gefunden (Maturana 1981, 1982). (Autopoiese meint, dass ein System sich in seinen Operationen selbst reproduziert.) Demgegenüber besteht Luhmann zu Recht darauf, nicht den Systembegriff, sondern die Differenz von System und Umwelt zum Ausgangspunkt des Vorhabens zu machen, Selbstreferenz in die Systemtheorie einzubauen, oder, genauer: die Systemtheorie als Theorie selbstreferenzieller Systeme zu formulieren. Es ist die Differenz von System und Umwelt, welche noch der Autopoiese eines Systems als Bedingung der Selbsterzeugung vorausgeht.

Die mit der Idee der Autopoiesis verbundene Betonung von Selbstreferenz und operativer Geschlossenheit komplexer Systeme hat neue Denkmöglichkeiten erschlossen, die Ordnung nichttrivialer Systeme von externen Ursachen abzukoppeln und in ihrer Eigendynamik und Selbstorganisation zu verstehen. Ein Großteil der Beobachter erkannte in Luhmanns erstem Hauptwerk, dem Buch *Soziale Systeme,* eine „autopoietische Wende" und nahm die von Luhmann präparierte falsche Fährte auf, wonach der Paradigmenwechsel in der Systemtheorie in einer

„Theorie selbstreferenzieller Systeme“ (Luhmann 1984, S. 24) kulminiere. Das war nicht ganz abwegig, weil es Luhmann *auch* um eine systematischere Behandlung des „Explosivstoffes Selbstreferenz“ (Luhmann 1984, S. 656) ging. Aber die eigentliche Neuerung in der Architektur der Systemtheorie war nicht die zur Autopoiese gesteigerte Selbstreferenz im Sinne Maturanas, sondern das zur Differenzlogik gesteigerte Formenkalkül im Sinne von Spencer-Brown (1979). Dieses Formenkalkül fand nun Aufnahme in die Systemtheorie und prägte Luhmanns Denken in den späteren Publikationen entscheidend.

Nun wird das Systemische also schon etwas Komplizierter. Mit Luhmann kommt ins Spiel, dass soziale Systeme nicht nur aus Kommunikationen bestehen. Sie unterliegen mit der Eigenschaft der Selbstreferenz einer Dynamik der Abschließung, die zum Ausschluss der übrigen Welt führt und eine Logik der Differenz von Identität und Differenz etabliert. Soziale Systeme definieren sich damit als *unterschiedlich* und als *Differenz* zu anderen Systemen. Dies bringt eine Fülle von Folgeproblemen mit sich, insbesondere die Frage, wie dann Kommunikation und Verständigung zwischen unterschiedlichen sozialen Systemen überhaupt noch vorstellbar ist (ausführlich dazu Willke 1999).

Dies bringt eine dritte wesentliche Seite des Systemischen zum Vorschein: *Soziale Systeme bestehen aus Kommunikationen. Das Systemische an sozialen Systemen liegt darin, dass kommunikative Kontexte durch ihre Selbstreferenz und operative Schließung eine Logik der Differenz ausbilden, die jedes System zu einem eigenen Universum erhebt und damit die Verbindung zwischen Systemen zu einer unwahrscheinlichen Leistung kompliziert.* Dies ist der Kern des systemtheoretischen Diktums von der „Unwahrscheinlichkeit gelingender Kommunikation“. Dies ist die differenztheoretische Seite des Systemischen.

1.2 Systemisch heißt: Ordnungsbildung durch Emergenz

Betrachten wir nun die drei skizzierten Denktraditionen des Systemischen im Zusammenhang, dann schält sich als gemeinsamer Nenner eine überraschende Erkenntnis heraus, die allerdings in alten Traditionen verwurzelt ist: Der Kern des Systemischen ist Emergenz. *Emergent* soll eine Ordnung oder eine Eigenschaft heißen, wenn sie aus der bloßen Aggregation von Teilen oder aus den summierten Eigenschaften der Teile nicht mehr erklärbar ist. Der für unseren Zusammenhang wichtigste Fall ist die Emergenz von sozialen Systemen, insbesondere von Organisationen, aus dem Zusammenspiel von Personen. Nach den Kriterien der Emergenz müssen also Organisationen Eigenschaften aufweisen, die aus den Eigenschaften von Personen allein nicht ableitbar sind. Sie müssen Merkmale aufweisen, die sich nicht auf die Merkmale von Personen reduzieren lassen. Dies ist ein schwieriger Gedankengang, der in mehreren Schritten verdeutlicht werden soll.

In komplexen biologischen und sozialen Systemen sind qualitativ neue Ebenen der Integration durch neue, emergente Eigenschaften erklärbar. „Ähnlich wie Leben und Bewusstsein ist auch Kommunikation eine emergente Realität, ein Sachverhalt sui generis" (Luhmann 1995, S. 115).

Die Frage, durch welche Mechanismen und nach welchen Gesetzen neue, emergente Eigenschaften entstehen, ist überaus schwierig zu beantworten und führt an die Grenzen des naturwissenschaftlichen und des sozialwissenschaftlichen Wissens: Es ist die Frage nach der Möglichkeit und der Entstehung selbstreproduktiver Systeme und die Frage nach der Entstehung und Reproduktion von Sozialsystemen. Immerhin lässt sich feststellen, dass die Existenz selbstreproduktiver Systeme auf einer Überlistung der thermodynamischen Grundgesetze beruht, also auf irgendeiner Form der Erzeugung von Ordnung. In systemischer Sprache: Systembildung setzt einerseits Offenheit des Systems, andererseits eine operative Geschlossenheit der basalen Prozesse innerhalb des Systems voraus.

Auch für die Differenz von Akteur und Interaktion gibt es eine schöne Formulierung, die Emergenz aufschlussreich als Verhältnis der Produktion von Ordnung und Unordnung beschreibt:

> „*Trotz ziemlich rationaler und ordentlicher Akteure kann Unordnung auf der Ebene komplizierter ‚Ökologien von Mikromotiven' (Schelling 1978) entstehen. Sie ist auf der Aggregationsebene des Handlungszusammenhangs sichtbar, kann aber nicht unmittelbar aus dem individuellen Verhalten abgeleitet werden. Infolgedessen erscheint die Unordnung nicht nur für externe Beobachter überraschend und merkwürdig, sondern auch für die Teilnehmer der Interaktion selbst*" (Warglien a. Masuch 1996, p. 6; Übersetzung: H. W.).

Die wichtigste Bedingung für das Entstehen emergenter Eigenschaften ist die größere Komplexität einer höheren Systemebene (Kofman a. Senge 1993, p. 13 ff.). Es ist leicht einsichtig, dass ein Makromolekül komplexer ist als ein Atom, eine Zelle komplexer ist als ein Molekül, ein Organismus komplexer als eine Zelle, eine Gruppe komplexer als ein Organismus. Zwar besteht die jeweils höhere Systemebene zunächst nur aus Ansammlungen von Elementen der niedrigeren Stufen; aber „Ansammlung" reicht eben nicht aus. Hinzu kommen bestimmte neue Strukturmuster und Prozesse, die aus den Funktionsbedingungen des Ganzen folgen und deshalb nur aus einer Sicht des Ganzen heraus verstehbar sind.

Natürlich müssen diese neuen Strukturmuster und Prozesse auch den Funktionsbedingungen der Elemente gehorchen. Aber – und hier liegt der scheinbar paradoxe Kern des Problems – die Funktionsbedingungen der jeweiligen Elemente sind nicht restringierter und enger als die der jeweils höheren Systemebene, sondern im Gegenteil offener und weiter. Das heißt: Jede höhere Systemebene begrenzt zunächst den Möglichkeitsspielraum der

Elemente, aus denen es sich zusammensetzt. Sie zwingt die Elemente unter Gesetzmäßigkeiten, die bestimmte Zustände und Ereignisse nicht mehr zulassen. Insofern ist das neue Ganze *weniger* als die Summe seiner Teile. Aber es erzeugt mit dieser Reduktion als Ganzes *neue* Möglichkeiten und Qualitäten, die über diejenigen der Komponenten hinausgehen. Insofern ist das Ganze zugleich *mehr* als die Summe seiner Teile. Diese kreative Reduktion ist der Kern von Emergenz.

Ein bekanntes Beispiel ist etwa die Bildung eines Waldes aus vielen Bäumen. Nichtsystemiker sehen buchstäblich den Wald vor lauter Bäumen nicht. Der Wald entsteht aus einer Reduktion der abstrakten Möglichkeiten einzelner Bäume, aber er erzeugt aus dieser Reduktion völlig neue Qualitäten – etwa die Fähigkeit, durch den Aufbau besonderer Bodenschichten, Bemoosung etc. langfristige Wasservorräte zu schaffen –, welche die Möglichkeiten einzelner Bäume überschreiten.

Dieselbe Logik lässt sich auch am Fall sozialer Systeme deutlich machen. Nicht erst durch die Emanzipation der Frau wird deutlich, dass die Familie als soziales System den Möglichkeitsreichtum ihrer Mitglieder zunächst begrenzt. Es kann nicht jeder bzw. jede, wie er oder sie könnte, sondern nur wie es die Funktionsbedingungen des Ganzen zulassen. Es ergeben sich Abstimmungszwänge und Kompatibilitätsprobleme, weil das System Familie nur so lange existieren kann, wie bestimmte überindividuelle Strukturmuster und Prozesse gewährleistet sind. Dasselbe gilt für Organisationen, gesellschaftliche Subsysteme und ganze Gesellschaften; und es gilt auch, wie die vielfältigen Abstimmungszwänge und Selbstbeschränkungen der nationalen Akteure im Prozess der Bildung der Europäischen Union beispielhaft zeigen, für supranationale Sozialsysteme und inzwischen auch für globale Kontexte, die sich den Regeln von *global governance* (Willke 2003) unterwerfen. Immer fordert die Bildung einer höheren, komplexeren Einheit die Begrenzung der Freiheitsgrade der Elemente, weil nur so die Strukturen, Prozesse und Regeln des Gesamtsystems geschaffen und erhalten werden können.

Prüfen wir die drei behandelten Theoriekontexte auf ihren Beitrag zur Analyse und Erklärung von Emergenz hin, dann lässt sich festhalten:

- Die *Gestalttheorie* ermöglicht es, die Ordnungsleistung des mentalen Systems als emergente Qualität der Kognition zu verstehen, die aus den Eigenschaften der einzelnen Nervenzellen und der einzelnen Synapsen nicht erklärbar erscheint. Erst das überaus komplexe Zusammenspiel der Myriaden von Elementen des mentalen Systems erzeugt die Qualität der Emergenz.
- Die *systemische Familientherapie* unterstützt und unterfüttert eine Sichtweise, wonach die Bildung stabiler und transpersonaler Kommunikationsmuster als emergente Qualität der sprachlichen Interaktion von Personen zu verstehen ist. Die entstehenden Kommunikationsmuster sind nicht beliebig, sondern fest in die Symbolordnung der Sprache eingebunden. Erst diese „künstliche" Beschränkung schafft die Freiheitsgrade für die emergente Qualität kommunikativer Ordnungen.
- Die *soziologische Systemtheorie* fügt diesen Einsichten die Kernidee hinzu, dass soziale Systeme als kommunikative Kontexte einer Logik der Differenz folgen, die in der sukzessiven Beschränkung von Möglichkeitsräumen durch Differenzbildung als Bedingung der Möglichkeit von Emergenz zu verstehen ist. Emergenz entsteht aus dem selbstreferenziellen Prozessieren von Differenzen.

Für das Thema des systemischen Wissensmanagements hat die Idee der Emergenz sozialer Systeme eine einschneidende praktische Bedeutung. Soziale Systeme, insbesondere Organisationen, haben gegenüber den handelnden Personen eine eigene und eigenständige Bedeutung. Organisationen konstituieren eine eigene Welt. Sie haben ihre eigene Geschichte und bilden eine spezifische organisationale Identität aus (Stichwort „Corporate Identity“). Sie folgen einer eigenen Logik und bauen drei besonders auffällige und gut beobachtbare systemische Komponenten auf: Strukturen, Prozesse und Regelsysteme. Diese drei Bausteine machen das genuin Systemische von Organisationen aus, weil sie nicht auf Personen reduzierbar sind, sondern im Gegenteil emergente, transpersonale, anonymisierte und überdauernde Bestandteile der Organisation als Organisation darstellen.

Daraus folgt ein Kernpostulat des systemischen Wissensmanagements, das hier nur festgehalten sein soll und im Laufe der weiteren Argumentation an mehreren Stellen aufgegriffen und vertieft wird: *Das systemische Wissensmanagement hat es mit zwei unterschiedlichen Realitäten zu tun – mit Personen und mit Organisationen. Es geht deshalb immer um zwei Seiten: um das Wissen (und Nichtwissen) von Personen sowie um das Wissen (und Nichtwissen) von Organisationen. Ein brauchbares Wissensmanagement setzt voraus, dass es sich um beide Seiten des Wissens kümmert und nicht nur um eine der beiden Seiten.*

In den nächsten Schritten ist zu zeigen, dass dieses Grundgerüst der Argumentation auch auf die Problemkreise Management und Wissen anwendbar ist.

2 Was heißt hier Management?

2.1 Die Komponenten des Managements

Management meint eine systematische und disziplinierte Steuerung von Ressourcen zur Erreichung bestimmter Ziele. Während auch einzelne Personen sich oder andere Personen managen können, bezieht sich Management im Kontext von Organisationen auf eine systematische Steuerung von Ressourcen zur Erreichung der Ziele von Organisationen. Dabei sind gerade für den Fall von Organisationen Menschen als Mitarbeiter und Mitarbeiterinnen (im Folgenden schließt die männliche Form die weibliche ein) eine besondere, herausgehobene Ressource. Demnach umfasst Management drei Komponenten:

- die Führung von Personen und
- die Optimierung von weiteren relevanten Ressourcen, um
- die Ziele von Organisationen zu erreichen.

1) Management als Führung von Personen bekommt im Kontext des Themas Wissensmanagement eine neue Qualität. Immer schon seit der Erfindung des „wissenschaftlichen Managements“ durch Frederick Taylor (1913) war Führungsqualität ein ebenso wichtiges wie problematisches und umstrittenes Merkmal von Management. Langsam, aber unerbittlich setzt sich die Einsicht durch, dass die Führung von Personen immer weniger nach dem Prinzip „Befehl und Gehorsam“ geleistet werden kann und stattdessen immer stärker darauf setzen muss, die Eigenmotivation, das Eigeninteresse und die eigene Kreativität von Mitarbeitern zu wecken und zu erhalten.

Mit der Entfaltung einer Wissensgesellschaft, einer Wissensökonomie und der in ihr agierenden wissensintensiven Unternehmen verlagert sich Führung noch stärker darauf, Menschen als „Kompetenzträger", als Personen mit spezifischem Wissen, Können und mit spezifischer Expertise, so zu führen, dass diese Kompetenzen sich innerhalb der Organisation entfalten können. Tatsächlich ist dies keineswegs selbstverständlich. Die betriebliche Praxis zeigt allzu häufig, dass verfehlte Führungsmodelle die Nutzung vorhandener Expertise eher behindern als fördern, dass verteiltes Wissen nicht ausgetauscht und kombiniert wird, sondern ängstlich als Herrschaftswissen gehütet und gehortet wird und dass vorhandenes und zugängliches externes Wissen abgelehnt wird nach dem Motto: *Not invented here*.

Auf das Management kommt damit eine neue und ungewohnte Situation zu. Manager müssen damit fertig werden, dass nicht nur im Ausnahmefall, sondern im Normalfall formale und inhaltliche Kompetenz auseinander fallen: Kein Vorgesetzter verfügt mehr über das für komplexe Geschäftsprozesse oder verzweigte Produktionsprozesse erforderliche Wissen. Vielmehr ist das relevante Wissen dezentral verteilt, auf viele Personen, Teams, Projekte, Bereiche, Niederlassungen, Kooperationspartner, externe Stellen etc. Es geht dabei um *distributed intelligence,* um verteiltes Wissen, das in der Dimension der Personalführung in einem eigenen Managementprozess, dem Wissensmanagement, so zusammengeführt werden muss, dass es als die Gesamtheit des erforderlichen Wissens den jeweiligen Geschäftsprozess unterstützt.

Formale Kompetenz meint die hierarchische Verteilung von Weisungsbefugnissen gegenüber Mitarbeitern. Sie fällt in wissensintensiven Organisationen nicht einfach weg. Vielmehr ist sie nach wie vor nötig, um eine systematische, organisierte Kooperation vieler Personen und Gruppen im Kontext organisationaler Zielverfolgung zu erreichen. Dennoch weichen allmählich die traditionellen barocken Ausfaltungen endloser Hierarchiestufen einer flachen Hierarchie, weil gegenüber der direkten Weisungsbefugnis andere Formen der Koordination – wie beispielsweise Teamarbeit, Projektarbeit, Gruppenarbeit, laterale Vernetzung etc. – zunehmen. Die treibende Kraft hinter dieser Abflachung von Hierarchien ist das Gewicht von inhaltlicher Kompetenz, die Facharbeiter, semiprofessionelle und professionelle Mitarbeiter, Spezialisten und Experten mitbringen.

Fachkompetenz oder inhaltliche Kompetenz meint Kompetenz qua Wissen und Expertise. Der Wert von Spezialisten und Experten für Organisationen liegt darin, dass sie ihre Fachkompetenzen nach eigenem fachlichen Urteil und nach eigener professioneller Einschätzung, mit eigenem Interesse und mit selbst gesteuerter Kreativität einbringen. Wenn alles gut geht, dann müssen sie dazu nicht durch Anweisung und Direktionsgewalt gebracht werden, sondern sie verrichten ihre Arbeit nach den Kriterien eines professionellen Selbstverständnisses. Allerdings geht das nicht immer gut. Formale Kompetenz von Vorgesetzten und Fachkompetenz von Mitarbeitern können sich ergänzen, sie können sich indifferent gegenüberstehen, sie können sich aber auch wechselseitig behindern. *Es ist eine der wichtigsten Aufgaben des systemischen Wissensmanagements, dafür zu sorgen, dass das Zusammenspiel von formalen, managerialen Kompetenzen und Fachkompetenzen produktiv und sich wechselseitig verstärkend gestaltet ist und sich die unterschiedlichen Kompetenzen nicht wechselseitig im Wege stehen.*

2) Management umfasst neben der Führung von Personen als zweite Dimension die Steuerung weiterer Ressourcen, die erforderlich sind, um Produkte und Dienstleistungen (Güter) herzustellen. Die wichtigsten dieser Ressourcen nennt die Wirtschaftswissenschaft „Produktivfaktoren“. Die klassischen Produktivfaktoren sind Land, Kapital und Arbeit. (Im Faktor Arbeit tauchen also die unter [1] behandelten Personen als Mitarbeiter und Mitarbeiterinnen wieder auf).

Einer sehr groben geschichtlichen Periodisierung folgend, lässt sich sagen, dass für die *Agrargesellschaften*, von den archaischen Gesellschaften bis zur frühen Neuzeit, der Faktor „Land" den entscheidenden Produktivfaktor darstellt, schlicht weil die Menschen vom Land und aus dem Land lebten bzw. leben. Die Bedeutung des Produktivfaktors Land ist allerdings auch für weniger erfreuliche Erscheinungen wie Kolonialismus und Territorialkriege verantwortlich. Obwohl die modernen Gesellschaften längst keine Agrargesellschaften mehr sind – nur noch etwa 3–4 % der arbeitenden Bevölkerung arbeiten in den entwickelten Gesellschaften in der Landwirtschaft –, spielt Land als Produktivfaktor noch eine gewisse, allerdings untergeordnete Rolle.

Die kapitalistische *Industriegesellschaft*, die in Europa im Laufe des 18. und 19. Jahrhunderts auf die Agrargesellschaft folgt, entwickelt sich in ungeheurer, vielfältig auch zerstörerischer Dynamik als „große Transformation" (K. Polanyi 1984). Ihr Treibsatz ist der kapitalgesteuerte Markt, den Adam Smith als Erster in seiner besonderen Logik verstanden und beschrieben hat (Smith 1990). Die Industriegesellschaft ist dadurch gekennzeichnet, dass der Produktivfaktor Kapital dominant wird. Auch Arbeit als Produktivfaktor wird der Logik des Kapitals untergeordnet, bis schließlich in der zweiten Hälfte des 19. Jahrhunderts die Missstände so unerträglich werden, dass eine Sozialgesetzgebung (z. B. die Reformen von Bismarck in Deutschland, von Beveridge in England) einsetzt, die sich im 20. Jahrhundert in vielen Gesellschaften der OECD zum Wohlfahrtstaat auswächst.

Die gegenwärtig sich herausbildende *Wissensgesellschaft* bringt einen neuen Produktivfaktor ins Spiel: Wissen. Natürlich war Wissen auch früher von Bedeutung. Auch der Eingeborene, der aus einem Baumstamm ein Kanu fertigt, braucht dazu Wissen. Und ganz sicherlich spielen Wissen und Expertise auch in der Industriegesellschaft eine große Rolle. Was sich in der Wissensgesellschaft ändert, sind die relativen Gewichte: Wissen wird zum dominanten Produktivfaktor. Dies heißt, dass die anderen Faktoren (Land, Kapital und Arbeit) keinesfalls bedeutungslos sind, aber doch in ihrem relativen Gewicht von Wissen als kritischer Ressource übertrumpft werden. Dies ist ein schwieriger Punkt und sollte deshalb genauer ausgeführt werden. (Eine eingehende Bestimmung der Kategorie „Wissen" folgt im nächsten Kapitel).

Die Wissensgesellschaft bringt eine grundlegende Veränderung mit sich. Wissen wird von Wahrheit zur Ressource. Wissen ist nun dadurch charakterisiert, dass es (a) kontinuierlich revidiert, (b) permanent als verbesserungsfähig angesehen, (c) prinzipiell nicht als Wahrheit, sondern als Ressource betrachtet wird und (d) untrennbar mit Nichtwissen gekoppelt ist, sodass mit dem Management der Ressource Wissen spezifische Risiken des Nichtwissens verbunden sind.

Management sieht sich also mit einer neuen Aufgabe konfrontiert. Zusätzlich zu den bislang notwendigen Kompetenzen, mit den Produktivfaktoren Land, Kapital und Arbeit adäquat umzugehen, geht es nun darum, die weitere kritische Ressource Wissen in gleicher Weise zu managen wie andere Ressourcen auch. Das Management der Ressource Mitarbeiter und Mitarbeiterinnen hat den Spezialzweig des „Human Resource Management" (HRM) hervorgebracht. Das Management der Ressource Kapital hat den Spezialzweig Finanzen und Finanzmanagement erforderlich gemacht. Nun macht es die neue Bedeutung der Ressource Wissen unabdingbar, ein entsprechendes Wissensmanagement aufzubauen:

> *„Von seltenen Ausnahmen abgesehen, gründet die ökonomische und produktive Kapazität eines modernen Unternehmens eher auf seinen intellektuellen Fähigkeiten und Serviceleistungen als auf seinen materialen Werten – Land, Fabrik und Ausrüstung"* (Quinn 1992, p. 241; Übersetzung: H. W.).

So geht mit der geschichtlichen Veränderung der Gesellschaftsformen von der Agrargesellschaft zur Industriegesellschaft zur Wissensgesellschaft eine komplementäre Veränderung des Wissensbegriffs einher, die im nächsten Kapitel noch eingehender darzustellen ist. Für die Aufgabenstellung von Management folgt daraus in der Dimension der Steuerung von Ressourcen eine signifikante Ausweitung auf die Ressource Wissen. *Wissensmanagement wird im Kontext von Wissensgesellschaft und Wissensökonomie zum Bestandteil des allgemeinen Managements, weil die Ressource Wissen zur dominanten Produktivkraft wird und ein ebenso sorgfältiges und systematisches Management verlangt wie andere Ressourcen der Organisation auch.*

3) Management ist kein Privatvergnügen von Managerinnen und Managern, sondern es dient dazu, die Ziele von Organisationen möglichst effektiv und effizient zu realisieren. Management ist daher nicht auf die Organisationen des Wirtschaftssystems, auf Wirtschaftsunternehmen, beschränkt. Vielmehr benötigen alle Organisationen Management, die darauf angewiesen sind, die ihnen verfügbaren und/oder anvertrauten Ressourcen effektiv und effizient zu nutzen. Deshalb gibt es ein Management von Parteien, Krankenhäusern, Verbänden, sozialen Bewegungen, Schulen, Universitäten, Kirchen, Kommunen, Ministerien, Gerichten, Sportvereinen, Opernhäusern, Orchestern, Stiftungen etc. genauso wie ein Management von Unternehmen. Vielleicht muss man inzwischen sogar auch von einem Management des Systems Familie sprechen. Immer ist Management darauf gerichtet, die spezifischen Ressourcen einer bestimmten Organisation in optimaler Weise so zu steuern, dass die spezifischen Ziele der Organisation möglichst weitgehend erreicht werden.

Dass es beim Management um die Ziele von Organisationen geht, ist alles andere als selbstverständlich. Die meisten Menschen, Sozialwissenschaftler eingeschlossen, gehen nach wie vor davon aus, dass Organisationen nichts anderes darstellen als Aggregate von Personen. Für sie „bestehen" soziale Systeme im Allgemeinen und Organisationen im Besonderen aus Personen. Es ist für ein Verständnis der Argumentation dieses Buches unabdingbar, zu sehen, dass systemisches Denken in diesem Punkt grundsätzlich und grundlegend anders entscheidet. In einer systemtheoretischen Perspektive bestehen Organisationen (wie alle sozialen Systeme) aus Kommunikationen. Personen sind deshalb nicht unwichtig! Sie rücken nur an eine andere Stelle, nämlich in die Umwelt von Organisationen, und sie sind dort ebenso bedeutsam und relevant wie andere Aspekte der Umwelt von Organisationen auch.

Nur in einem spezifischen Aspekt, nämlich in ihrer Mitgliedschaftsrolle – „Rolle" im soziologischen Sinn gemeint – sind Menschen Teil von Organisationen. Und das ist gut so. Denn wären sie ganz, mit Haut und Haaren Teile von sozialen Systemen, dann wären diese Systeme zwangsläufig „totale Institutionen" im Sinne von totalitären Systemen. Das ist nicht gerade wünschenswert. Deshalb ist aus systemischer Sicht die Aufregung wenig verständlich, die sich häufig ergibt, wenn der Satz fällt, dass Personen nicht als Teil, sondern als eine bestimmte Umwelt sozialer Systeme zu sehen sind.

Erst wenn man Person und Organisation in diesem Sinne auseinander zieht, wird verständlich, dass sich die Ziele von Personen und von Organisationen unterscheiden können und in aller Regel auch tatsächlich unterscheiden. Würden Organisationen aus Personen bestehen, dann müssten die Ziele von Organisationen doch so etwas wie die Quersumme, der Mittelwert oder irgend ein dominanter Wert der Ziele der beteiligten Personen sein. Genau das ist aber empirisch klar nicht der Fall. Organisationen (wie auch andere Sozialsysteme) erweisen ihre Eigenlogik und Selbstreferenzialität genau darin, dass sie eigene Ziele generieren, die im Extremfall nicht von einem einzigen Mitglied der Organisation als Individuum geteilt werden – und dennoch gelten.

Dass es bei der Aufgabe des Managements darum geht, die Ziele der Organisation zu realisieren, ist eine sehr anspruchsvolle Definition von Management. Sie verlangt, dass sich das Management auf jeder Ebene und in jedem Ressort der Organisation zumindest auch um die Ziele des Ganzen, die Ziele des Systems insgesamt, kümmert. Nach vielen schlechten Erfahrungen von Organisationen mit Ressortdenken, „Kaminkarrieren", Verengung des Horizontes auf den eigenen Bereich *(tunnel vision)* etc. betont inzwischen auch die allgemeine Managementtheorie, wie wichtig es für den Erfolg einer Organisation ist, dass sie eine strategische Ausrichtung auf die Ziele der Organisation als Gesamtheit ausbildet (dazu mit Fallstudien aus der Wissensökonomie Leibold, Probst und Gibbert 2002; Romhardt 1998, S. 72 ff.). In der Praxis gehen diese Ziele allzu häufig im „Tagesgeschäft", in kurzfristigem Aktionismus, in der Vordringlichkeit des Befristeten (Luhmann 1971, S. 143 ff.) oder in der Dominanz der Partialzwecke unter.

All dies ist bekannt. Weniger bekannt ist, dass sich diese Situation mit der Notwendigkeit von Wissensmanagement zuspitzt. Denn die Besonderheiten der Ressource Wissen machen es für Teilsysteme noch attraktiver, sich abzuschotten, zu blocken, zu horten und Wissen als Herrschaftswissen zu missbrauchen. Und umgekehrt wird es schwieriger, im Interesse des Gesamtsystems zu einem systematischen Austausch des relevanten Wissens, zur erforderlichen Kooperation unterschiedlicher Experten oder Spezialisten, zu gezielten Investitionen in die Erzeugung des notwendigen neuen Wissens oder zu einem organisierten Umgang mit der dem Wissen korrelierenden Ungewissheit zu gelangen. Darauf ist in den folgenden Kapiteln zurückzukommen.

2.2 Systemisches Management heißt: auf Systemziele orientierte Steuerung von Ressourcen

Ausgangspunkt unserer Überlegungen zum Management war eine Definition, wonach Management darin besteht, in systematischer und disziplinierter Weise die relevanten Ressourcen einer Organisation so zu steuern, dass die Ziele der Organisation in optimaler Weise erreicht werden. Die Krux dieser Definition, die bislang noch nicht zur Sprache gekommen ist, liegt in dem Begriff der Steuerung. In einer systemtheoretisch elaborierten Sicht besteht Steuerung darin, Systeme zu beeinflussen, die sich von außen nicht steuern lassen.

Komplexe Systeme, insbesondere soziale Systeme, lassen sich nicht direkt oder linear steuern, weil sie aufgrund ihrer operativen Geschlossenheit und Selbstreferenz eine Eigenlogik und Eigendynamik ausbilden, die es ihnen erlauben, die tiefenstrukturellen Regeln ihrer Reproduktion als Systeme selbst zu bestimmen. Sie machen sich dadurch im Kern ihrer Selbststeuerung von ihrer Umwelt unabhängig. Diese kann daher nur in zwei Formen der Steuerung überhaupt eingreifen: in der Form der *Kontextsteuerung* und in der Form der Anregung zur Selbststeuerung (ausführlich dazu Willke 2001b).

Management beinhaltet demnach, dass Manager in soziale Systeme intervenieren, um Steuerungswirkungen zu erreichen. Komplexe Systeme haben Myriaden von Möglichkeiten, solche Interventionen abzubiegen, umzuleiten, zu ignorieren, umzudeuten, zu verzögern etc., sodass es höchst erstaunlich ist, dass überhaupt noch Interventionen so ankommen, wie sie intendiert waren (ausführlich dazu Willke 1999). Management ist also in systemischer Sicht ein ewiges Katz-und-Maus-Spiel oder Hase-und-Igel-Rennen, in dem Manager Interventionen mit Steuerungsabsichten setzen und dabei auf einen Kontext stoßen, der Steuerung nur in ganz besonderer, reduzierter Form überhaupt zulässt und der Interventionen nahezu beliebig abblocken kann.

All dies ist auch der allgemeinen Managementtheorie wohl bewusst. Es führt in der Trivialliteratur zu Titeln wie *Vertrauen führt*, *Du kannst es* oder ähnlichem Unfug, und es führt in der seriösen Literatur zu Titeln wie *Age of unreason* (Handy 1991), *Age of paradox* (Handy 1995), *The organization of hypocrisy* (Brunsson 1989) oder *Dystopia* (Willke 2002), die ernst gemeint sind, aber auf den ersten Blick eher entmutigend erscheinen. In der Praxis bleibt Managern wenig anderes übrig, als so zu tun, als wäre Management möglich, trotz allem. Und wenn es ganz schwierig wird, holen sie sich Berater ins Haus.

Als wäre all dies nicht schon genug an Hindernissen für erfolgreiches Management, bringen die Anforderungen des Wissensmanagements noch zusätzliche Schwierigkeiten ins Spiel. Management von Wissen behandelt eine Ressource, die sich besonders geschickt und raffiniert den meisten Versuchen der Steuerung widersetzt. Viele Kritiker der Idee des Wissensmanagements setzen an diesem Punkt an und meinen, dass deshalb ein Management von Wissen überhaupt nicht versucht werden sollte. Aber das hieße, den Kopf in den Sand zu stecken und schlicht nicht wahrnehmen zu wollen, was es bedeutet, dass sich die entwickeltsten Gesellschaften von Industriegesellschaften zu Wissensgesellschaften transformieren.

Es ergibt daher wenig Sinn, die Augen zu verschließen. Vielmehr kommt es darauf an, die Probleme und Schwierigkeiten von Management als Intervention und Steuerung im Allgemeinen und von Wissensmanagement im Besonderen realistisch einzuschätzen und die gegebenen Gestaltungsmöglichkeiten optimal zu nutzen. Wichtigste Voraussetzung dafür ist es, die Besonderheiten der Ressource Wissen angemessen zu verstehen. Und wichtigste Voraussetzung dafür wiederum ist es, den Begriff des Wissens von altem Ballast zu befreien und möglichst klar und plausibel neu zu fassen. Dieser Aufgabe wenden wir uns im folgenden Kapitel zu.

3 Was heißt hier Wissen?

3.1 *Wissen und Nichtwissen*

Wir haben bereits gesehen, dass der gegenwärtig einsetzende Übergang von der Industriegesellschaft zur Wissensgesellschaft den Begriff von Wissen verändert. Wissen wird als dominante Produktivkraft zu einer Ressource. Wissen steht nicht mehr wie in den religiös geformten archaischen Gesellschaften in Opposition zu Glauben (Form: Wissen/Glauben). Es steht auch nicht mehr wie in den politisch geformten Nationalgesellschaften der frühen Moderne in Opposition zu Macht (Form: Wissen/Macht). Vielmehr steht Wissen nun in der Wissensgesellschaft nur noch in Opposition zu seiner eigenen Negation, zu Nichtwissen (Form: Wissen/Nichtwissen).

Im Ablauf der Gesellschaftsgeschichte verändert sich die Form des Wissens, indem die andere Seite von Wissen von Glaube zu Macht wechselt und dann von Macht zu Nichtwissen. Dieser Prozess befreit das Wissen schrittweise von „fremden" Einbindungen, zunächst von der Religion, dann von der Politik, und wirft es in der Gegenwart auf sich selbst zurück – allerdings auch auf sich selbst in Gestalt seiner anderen Seite, der Seite des Nichtwissens (zu weiteren Seiten des Nichtwissens – Gegenwissen, unbewusstes Wissen und „Vergessen als Aufgabe" – siehe Roehl 2002, S. 35 ff.). Für das systemische Wissensmanagement hat dies eine besonders wichtige Konsequenz: *Wissensmanagement ist in gleicher Intensität das Management von Wissen wie auch das Management von Nichtwissen. Wissensmanagement verlangt manageriale Kompetenzen im Umgang mit Wissen ebenso wie Kompetenzen im Umgang mit Nichtwissen und Ungewissheiten.*

Um dem inneren Aufbau von Wissen näher zu kommen, ist es hilfreich, grundlegend zwischen Daten, Informationen und Wissen zu unterscheiden. Diese begrifflichen Unterschiede haben eine gravierende praktische Bedeutung. Gerade die unternehmerische Praxis, die sich oft über die Feinheiten begrifflicher Klärung erhaben dünkt, tappt hier in kostspielige Fallen, etwa indem teure IT-„Lösungen" eingekauft werden, die nur Datenfriedhöfe produzieren. Wissensmanagement steht deshalb erst am Anfang seiner Karriere, weil es bislang überwiegend als Datenaufbereitung und Informationsaustausch missverstanden wird.

Wissen hat hinsichtlich seiner inneren Form einen dreistufigen Aufbau, der folgende Komponenten umfasst:

- Daten sind der Rohstoff für alles Wissen.
- Informationen sind systemspezifisch aufbereitete Daten und damit Zwischenprodukte des Wissens.
- Wissen ist die Veredelung von Information durch Praxis. Jedes Wissen setzt Praxis voraus.

1) *Daten* sind beobachtete Unterschiede. Jedes Datum setzt ein Beobachtungsinstrument voraus, das es erlaubt, Unterschiede zu registrieren. Schon auf der elementaren Ebene von Daten hängt das, was wir „sehen" können, von den Instrumenten und Verfahren der Beobachtung ab. Die Instrumente von Beobachtungssatelliten senden Ströme von Daten, die auch die mächtigsten Datenverarbeitungsmaschinen jahrelang beschäftigen. Die Kurse der Börsen der Welt werden durch unterschiedliche Beobachtungsinstrumente in Datencharts für alle erdenklichen Verbreitungsmedien, einschließlich des Internet, konvertiert und heute für weniger als 50 Dollar pro Monat in Echtzeit, für weniger als zehn Dollar pro Monat mit einer geringen Zeitverzögerung und umsonst mit einer etwas größeren Zeitverzögerung weltweit zur Verfügung gestellt (Shapiro u. Varian 1999,

S. 4). (Dies gibt einen ersten Hinweis darauf, dass die Kosten von Daten zeitsensitiv werden, wenn die aus den Daten gewonnenen Informationen und das daraus konstruierte Wissen ihrerseits zeitsensitiv sind.)

Die Produktion von Daten setzt also Beobachtungsinstrumente voraus. Erst Beobachtungsinstrumente für Prozessqualität erzeugen Daten für Qualitätsniveaus und ermöglichen Qualitätsmanagement. Erst wenn Beobachtungsinstrumente für die Evaluierung von intellektuellem Kapital zur Verfügung stehen, lässt sich die Realität dieser Form von „Kapital" erzeugen. Erst ein Hörrohr verschafft dem Arzt Zugang zu inneren Daten des Patienten, und ein Röntgenapparat oder eine Kernspintomographie erzeugen für den Beobachter Daten, die vorher nicht existent waren. Besonders wichtige Instrumente der Beobachtung sind Ideen, Konzeptionen, Ideologien, Theorien etc., insgesamt die kognitiven „Landkarten" in den Köpfen von Beobachtern. Sie bestimmen, was gesehen wird und was nicht.

Eine weitere fundamentale Beschränkung dessen, was als „Datum" möglich ist, kommt hinzu. Daten müssen in irgendeiner Form codiert sein, damit sie existent werden und „gelesen" werden können. Bemerkenswerterweise sind die für Menschen intelligiblen Formen der Codierung extrem beschränkt, nämlich auf genau drei Möglichkeiten: Zahlen, Sprache oder Texte und Bilder. Was nicht in diese Codierungsformen gepresst werden kann, ist als Datum nicht existent. Dies bedeutet zum Beispiel, dass Ausdrucksformen nichtverbaler Kommunikation oder emotive Qualitäten von Verhaltensweisen als Daten verloren gehen oder eben erst dann zu Daten werden, wenn sie in Zahlen, Sprache/Texte oder Bilder gefasst werden – und dann ist die Frage, ob die symbolisierten Qualitäten noch etwas mit den „ursprünglichen" zu tun haben. Ob und wie damit die Affektlogik (Ciompi 1999) der Operationsweise von Organisationen eingefangen werden kann, ist eine der vielen offenen Fragen im Feld des Wissensmanagements.

Diese Überlegungen zeigen, dass es keine Daten an sich gibt, sondern nur beobachtungsabhängige, also qua Beobachtung erzeugte oder konstruierte Daten. Gegenüber Zahlen und Texten scheinen allerdings Bilder eine besonders reichhaltige Möglichkeit der Codierung von Daten zu bieten. Lange vor der Erfindung von Zahlen und Buchstaben haben Menschen in Bildern gedacht und in erinnerten oder dokumentierten Bildern Daten gespeichert. Heute bieten die neuen Techniken multimedialer Codierung von Daten besonders zukunftsweisende Optionen, komplexe Daten zu codieren und zu speichern. Konkrete Instrumente des Wissensmanagements greifen deshalb gerne auf neue Möglichkeiten multimedialer Darstellung zurück.

In aller Regel ist das Problem nicht ein Mangel an Daten, sondern eine Überflutung von Akteuren und Organisationen mit irrelevanten und sinnlosen Daten. Wir ertrinken in Ozeanen von Daten und verirren uns – auch in der Praxis von Organisationen – in endlosen Datenfriedhöfen. Ein brauchbarer Lösungsansatz für Datenmanagement verlangt in dieser Hinsicht also leistungsfähige Mechanismen und Routinen der Reduktion von Datenmengen und Datenkomplexität. Darauf ist sogleich unter dem Stichwort „Information" einzugehen.

Zuvor ist allerdings der Hinweis wichtig, dass gegenüber dem Normalfall der Datenüberflutung der Sonderfall fehlender Daten für Organisationen besonders wichtig sein kann. Wie die Erfahrung zeigt, weist jede Organisation Felder und Problemstellungen auf, die für ihre Leistungsfähigkeit wichtig sind, zu denen sie aber keine Daten vorweisen kann, weil sie keine entsprechenden Beobachtungsinstrumente zur Verfügung hat. Praktisch relevant sind seit einigen Jahren vor allem Daten über die zukünftige Leistungsfähigkeit einer Organisation. Dazu gibt es aber kaum Daten, weil es keine brauchbaren Beobachtungsinstrumente dafür gibt. Immerhin stellen die Entwicklung und der verbreitete Einsatz neuer Instrumente wie die „Balanced Scorecard" (Kaplan a. Norton 1996), das Steuerungsmodell der

EFQM oder die Modelle des Rating-Prozesses (Sinclair 1999; Strulik 2000b; Willke u. Strulik 2002) einen vielversprechenden Ansatz dar, entsprechende Datengrundlagen zu schaffen.

2) Aus Daten werden *Informationen* durch Einbindung in einen ersten Kontext von Relevanzen, die für ein bestimmtes System gelten. Eine Information ist nach der klassischen Formulierung von Gregory Bateson „a difference which makes a difference", „ein Unterschied, der einen Unterschied macht" (Bateson 1972, S. 453), also ein bedeutsamer Unterschied. Bedeutsam kann ein Unterschied nur am Maßstab eines Kriteriums von Relevanz sein. Da es keine Relevanzen an sich gibt, sondern jede Relevanz systemspezifisch und systemabhängig ist, folgt zwingend, dass jede Information nur systemrelativ sein kann. Eine Information ist nur dann vorhanden, wenn ein beobachtendes System über Relevanzkriterien verfügt und einem Datum eine bestimmte Relevanz zuschreibt. Nur wenn man so aufwendig und kompliziert rekonstruiert, hat man eine Chance zu verstehen, warum und worin Informationen Informationen sind.

Man kann sich die Arbeit der Herstellung von Informationen bildlich so vorstellen, dass ein Akteur sich ein Fischernetz bastelt, dessen Maschen und Muster aus Relevanzen und Gewichtungen, Prioritäten und Spezifizierungen gestrickt sind. Mit diesem Netz werden aus dem Ozean von Daten nur ganz spezifische herausgefiltert und selegiert, nämlich solche, die den Kriterien des Netzes entsprechen. In dieser Weise ermöglichen es Relevanzkriterien, die Komplexität von Daten zu reduzieren und nur diejenigen Daten zu Informationen aufzuarbeiten, die für eine Person oder eine Organisation von Bedeutung sind.

Während Daten beobachtete Unterschiede bezeichnen, meinen Informationen *relevante* Unterschiede, also die von einem Beobachter für relevant gehaltenen Unterschiede, also die für ein System relevanten Unterschiede, also immer systemspezifische Unterschiede. Verschiedene Systeme – Personen, Teams,

Abteilungen, Organisationen etc. – können also aus denselben Daten völlig unterschiedliche Informationen ableiten, je nachdem, welche Relevanzkriterien sie anlegen. Daten werden zu Informationen, wenn sie einen Filter aus Relevanzen durchlaufen, nach Relevanzkriterien ausgesiebt und dadurch mit Bedeutung aufgeladen werden.

Dies bedeutet, dass Informationen nicht einfach zwischen Personen oder sozialen Systemen hin und her geschoben oder ausgetauscht werden können. Der oft bemühte „Informationsaustausch" reduziert sich in aller Regeln auf den Austausch von Daten, die bei den austauschenden Akteuren zu *unterschiedlichen* Informationen aufgearbeitet werden. Ein gelingender Informationsaustausch ist erst dann möglich, wenn die beteiligten Akteure und Systeme zuvor die Mühe auf sich genommen haben, ihre Relevanzkriterien aneinander anzupassen und zu einer gemeinsamen Sprache zu kommen.

Für die Praxis des Wissensmanagements ist der Teilbereich des Informationsmanagements ein entscheidender Knotenpunkt. Denn einerseits ist schon viel erreicht, wenn es einer Organisation gelingt, ein brauchbares System des Informationsmanagements zu installieren, welches tatsächlich auch angenommen und genutzt wird. In der Praxis gründen solche Systeme beispielsweise auf dem Programm Lotus Notes, sie umfassen „Team Rooms", gemeinsame Ordner und/oder Laufwerke, und sie sind gut geeignet, die in der Organisation verfügbaren relevanten Informationen tatsächlich ohne großen Aufwand zu finden und zu nutzen (siehe für umfassende Darstellungen Evans a. Wurster 2000; Shapiro a. Varian 1999).

Auf der anderen Seite gilt zunehmend auch für die Kategorie der Information das, was für Daten gilt: Es gibt einfach zu viele relevante Informationen, sodass selbst Fachleute ihr eigenes Gebiet nicht mehr überblicken, geschweige denn alle relevanten Informationen erfassen und aufnehmen können. Auch Informationen müssen deshalb gefiltert und komprimiert werden (eine beeindruckende Darstellung von Informationsarchitekturen und Informationsarchitekten findet sich bei Wurman 1996). Dies steigert das Risiko, dass irrelevante oder nebensächliche Informationen ausgewählt und die eigentlich besonders wichtigen Informationen übersehen werden. Daraus folgt, dass es nun unumgänglich wird, die Suche nach und die Auswahl von Informationen nach bestimmten Kriterien und Prämissen zu steuern. An dieser Stelle entscheidet sich, ob es bei einer Informationssammlung bleibt oder ob es einer Organisation gelingt, ein Informationsmanagement zu einem Wissensmanagement auszubauen.

3) *Wissen* entsteht, wenn Informationen in einen Praxiszusammenhang eingebunden werden und daraus eine neue oder eine veränderte Praxis folgt. Unter Wissen möchte ich deshalb eine auf Erfahrung gegründete *kommunikativ konstituierte und konfirmierte* Praxis verstehen. Damit verliert der Begriff des Wissens die Weihen einer besonderen oder „höheren" Seinsart, denn *jede* konfirmierte Praxis generiert Wissen.

Entstehung und Transfer von Wissen setzen immer einen Erfahrungskontext voraus, eine „community of practice" (Wenger 1999). In diesem Sinne gibt es kein „theoretisches" Wissen, sondern nur praktisches Wissen im Umgang mit Theorie. Es gibt kein „abstraktes" Wissen, sondern nur praktisches Wissen im Umgang mit Abstraktionen. Und es gibt dann auch Wissen im Umgang mit Nichtwissen, mit Irrealem, Virtuellem oder mit Imaginiertem, wenn diese Felder als relevante Bereiche sozialer Praktiken definiert sind, also zu realen Erfahrungen und Erfahrungskontexten geführt haben.

Aus Informationen wird Wissen, wenn Informationen in einen zweiten Kontext von Relevanzen eingebunden werden. Dieser zweite Kontext besteht nicht, wie der erste, aus Relevanzkriterien, sondern aus bedeutsamen Erfahrungsmustern, die das System in einem speziell dafür erforderlichen Gedächtnis speichert und verfügbar hält. Wissen ist ohne Gedächtnis nicht möglich, aber nicht alles, was aus einem Gedächtnis hervorgeholt werden kann, ist Wissen.

Wissen entsteht durch den Einbau von Informationen in Erfahrungskontexte, die sich in der Geschichte des Systems als bedeutsam für sein Überleben herausgestellt haben. Wissen ist notwendiger Bestandteil eines zweckorientierten Produktionsprozesses. Die Ergebnisse der produktiven Aktivität können unterschiedlichster Art sein, Güter, Leistungen, Fertigkeiten, Zustände etc. Will eine Firma einen Navigationssatelliten herstellen (Produkt), so benötigt sie eine Fülle an implizitem, explizitem, individuellem und organisationalem Wissen aus unterschiedlichsten Bereichen, und sie benötigt erfahrungsgebundenes Wissen darüber, wie dieses verteilte Wissen in einem koordinierten Produktionsprozess zusammenzubringen ist. Wissen ist deshalb immer zweckgebunden und bezieht seine spezifische Bedeutung aus den Zielen und aus der strategischen Ausrichtung eines Unternehmens (Leibold, Probst a. Gibbert 2002, pp. 240 ff.).

Dieses Wissenskonzept bricht mit der klassischen Unterscheidung von *knowing that* und *knowing how*, die in der modernen Kognitionswissenschaft als die Unterscheidung in deklaratives und prozedurales Wissen geführt wird (Baumgartner 1993, S. 71). Denn *knowing that* und damit deklaratives Wissen ist nichts anderes als Daten. Es hat mit Wissen als in Erfahrung eingebetteten Informationen nichts zu tun. Tatsächlich fährt Baumgarten an der genannten Stelle fort: „Unter deklarativem Wissen wird statisches Wissen als eine Art Faktenwissen verstanden." Eine Fakten-CD-ROM und jede *Encyclopedia Britannica* hat mehr Wissen in diesem Sinne als noch der intelligenteste Mensch – ein solcher Wissensbegriff ist Unsinn und unbrauchbar. Die CD-ROM und die Enzyklopädie enthalten nur Daten und keinerlei Wissen.

3.1.1 Implizites und explizites Wissen

Eine andere klassische Unterscheidung von Wissen ist dagegen von grundlegender Bedeutung für das Wissensmanagement. Es ist die von Michael Polanyi (1958) stammende Differenz von implizitem und explizitem Wissen. Implizites Wissen ist ein Wissen, das eine Person aufgrund ihrer Erfahrung, ihrer Geschichte, ihrer Praxis und ihres Lernens im Sinne von Know-how hat. Erstaunlicherweise muss die Person nicht unbedingt wissen, dass sie dieses Wissen hat, und sie muss auch nicht erklären können, wie sie kann, was sie kann. Beispielsweise mag ein fünfjähriges Kind Ski fahren oder Fahrrad fahren können, ohne zu wissen, dass es dies kann und ohne erklären zu können, was genau es tut, wenn es Ski fährt oder mit dem Rad fährt. Ein erfahrener Mechaniker mag treffsicher Motorprobleme diagnostizieren, ohne zu wissen, wie er zu seiner Diagnose gekommen ist. Polanyis Formulierung dafür ist, „that we know more than we know how to say“ (ebd., p. 12).

Explizites Wissen dagegen ist ein ausgesprochenes, formuliertes, dokumentiertes und in diesem Sinne expliziertes Wissen, ein Wissen also, von dem der Wissende weiß und über das er sprechen kann. Der Prozess der Explizierung, der Übergang vom impliziten zum expliziten Wissen kann sehr mühevoll sein. So bringen es Menschen mit singulären Erfahrungen in manchen Fällen nur schwer oder gar nicht über sich, ihr spezielles Wissen auszusprechen oder niederzuschreiben. Manche außergewohnliche Lehrer oder Meister, die ihr implizites Wissen mit großem Erfolg an eine Schülerschar weitergeben, sind nicht in der Lage oder weigern sich, ihr Wissen zu explizieren.

Insbesondere für Mitarbeiter in Organisationen kann es zu einem gewichtigen Problem werden, ob und unter welchen Bedingungen sie bereit sind, ihr implizites Wissen zu explizieren, zu dokumentieren und damit für andere zugänglich zu machen. Viele fürchten, und manche zu Recht, dass sie sich damit selbst überflüssig machen. Jeder, der sich an der Einführung von Wissensmanagement in Organisationen versucht, sollte diese Bedenken sehr ernst nehmen. Nur wenn es gelingt, eine Kultur des Wissensaustausches zu schaffen, und nur wenn es gelingt, dass die vom Wissensmanagement Betroffenen und die an ihm Beteiligten Vertrauen in eine überzeugende Austauschlogik für die Ressource Wissens fassen, kann Wissensmanagement erfolgreich in Gang kommen. Wenn dies nicht gelingt, verkommt Wissensmanagement zur Ausbeutung von Wissensarbeitern.

In welcher Weise es für ein gelingendes Wissensmanagements darauf ankommt, die Übergänge zwischen implizitem und explizitem Wissen zu gestalten und in Bewegung zu bringen, haben vor allem Ikujiro Nonaka und Hirotaka Takeuchi dargestellt (1995). Vor allem Nonaka hat diese Grundidee zum Modell einer „organizational knowledge creation" ausgebaut (1992,1994). Er greift die Unterscheidung von implizitem („tacit") und explizitem („explicit") Wissen von Michael Polanyi auf und interessiert sich vorrangig für die Übergänge zwischen diesen beiden Typen des Wissens einerseits, zwischen personalem und organisationalem Wissen andererseits. In einer Kreuztabellierung ergeben sich daraus vier Modi der Wissensgenerierung (siehe Tabelle 1), die sich bei optimaler Prozessgestaltung zu einer „Spirale der organisationalen Wissensgenerierung" (Nonaka 1994, p. 20) verknüpfen lassen.

Übergang von / zu	**implizitem Wissen**	**explizitem**
implizitem Wissen	Sozialisation	Externalisierung
explizitem Wissen	Internalisierung	Kombination

Tabelle 1: Modi der Wissensgenerierung in Organisationen (nach Nonaka 1994)

Sozialisation ist, wie in der klassischen Lehre, der Erwerb des impliziten Wissens des Meisters durch den Schüler in einer gemeinsamen Handlungspraxis. Das etablierte Konzept der Sozialisation belegt, dass Wissensaustausch auf gemeinsamer Praxis, auf einem gemeinsamen Erfahrungskontext beruht. Der Schüler oder Lehrling beobachtet, ahmt nach und übt unter den Augen des Meisters, ohne dass der viel reden muss.

Externalisierung dagegen setzt genau dieses Reden (oder Schreiben) voraus. Denn nur expliziertes Wissen lässt sich als Grundlage für *Kombination* nutzen, also für die organisationale Vergemeinschaftung von explizitem Wissen in den Fällen, in denen eine Organisation für Lernen durch Sozialisation zu groß oder zu verteilt oder zu schnell geworden ist. *Internalisierung* schließlich meint die individuelle Aneignung von neuem Wissen als implizitem, operationalem Wissen, wenn das in der Phase der Kombination erlernte explizite Wissen routinisiert und „verinnerlicht" wird. Internalisierung gründet also auf unterschiedlichen Formen des individuellen und des sozialen Lernens.

Diese „Wissensspirale" macht auch deutlich, dass die Erzeugung, Explikation, Verteilung und Nutzung von Wissen ein aufwändiger Prozess ist, der vor allem viel Zeit kostet, eben weil Praxis Zeit braucht, die sich nicht einfach komprimieren lässt. Auch heute noch dauert eine übliche Lehre oder Ausbildung rund drei Jahre, und selbst ein *training on the job* dauert Monate oder Jahre. Dem steht entgegen, dass in vielen Fällen diese Zeit nicht mehr verfügbar ist oder aber dass sie unter Konkurrenzdruck gezielt verkürzt werden soll. Selbst die gegenwärtige Diskussion um zu lange Ausbildungs- und Studienzeiten in Deutschland gehört in diesen Zusammenhang.

Am Horizont zeichnet sich eine interessante Möglichkeit ab, Praxis doch zu komprimieren und dadurch kostbare Zeit zu gewinnen: *die Simulation von Praxis*. Simulatoren aller Art, von Flugsimulatoren für Piloten bis zu Simulationsmodellen für Architekten, Ärzte, Berater, Manager etc. sprießen aus dem Boden

– viele mit zweifelhafter Qualität und fraglichem Nutzen. Beachtliche Vorschläge zur Nutzung von Simulationen haben dagegen beispielsweise Dietrich Dörner und Peter Senge vorgelegt. Dörner hat mit seiner Arbeitsgruppe Computersimulationen von komplexen Entscheidungslagen erarbeitet (Dörner 1989). Ganz ähnlich nutzt Senge in der Tradition der Modelle des „Systems-dynamics"-Ansatzes von Jay Forrester computersimulierte *Mikrowelten* (Senge 1990, p. 313 ff.), um nichtlineare, rückgekoppelte und zeitlich dynamische Entscheidungssituationen durchzuspielen. Senge versteht seine Mikrowelten explizit als Technologien für die lernende Organisation und nutzt sie in Schulungs- und Trainingsseminaren. Diese Entwicklung wird sich verstärken, und sie ist ernst zu nehmen.

Beispielhaft und alterprobt ist die Simulation von Praxis durch Fallstudien und Fallarbeit. Ich komme darauf in Abschnitt 5.3 unter dem Stichwort „MikroArtikel" zurück.

3.1.2 Öffentliches und privates Wissen

Eine weitere grundlegende Unterscheidung von Typen des Wissens erhält im Kontext von Wissensgesellschaft und Wissensökonomie eine überragende Bedeutung: die Unterscheidung zwischen öffentlichem und privatem (proprietärem) Wissen. Öffentliches Wissen ist allgemein zugängliches Wissen, das in „Publikationen" vorliegt und im Prinzip jedermann offen steht. Geheimwissen oder tabuisiertes Wissen gab es immer, etwa von Priestern, Zauberern, Häuptlingen oder Hexen bereits in archaischen Gesellschaften. Aber mit der Entwicklung von Aufklärung und moderner Wissenschaft ist das öffentliche Wissen bedeutsamer geworden.

Proprietäres Wissen ist ein durch Eigentumsrechte – *intellectual property rights* (IPR) – geschütztes Wissen. Vor allem Patente, Copyrights, Gebrauchsmuster, vertragliche Nutzungsrechte, Lizenzen etc. schützen das Wissen, das von Personen, Teams oder Organisationen geschaffen worden ist, im finanziellen Interesse dieser Akteure. Der Zweck von IPRs liegt darin, Investitionen in die Produktion von neuem, produktiven Wissen – von Innovationen – anzureizen und wirtschaftlich sinnvoll zu machen (Born 1996). Die Problematik dieses Schutzes zeigt sich gegenwärtig vor allem im Pharmabereich bei der Frage, ob und wie lange Patente auf Medikamente globalen Schutz vor Kopien (Generika) gewährleisten sollen. Wird dieser Schutz nicht in ausreichendem Maße gesichert, dann unterbleiben die sehr teuren, oft Milliarden Euro kostenden Entwicklungen neuer Medikamente (Quinn 1992, p. 34).

Für das Wissensmanagement ist proprietäres Wissen ein zweischneidiges Schwert. Auf der einen Seite ist mit dem Schutz von IPRs anerkannt, dass Wissen eine wertvolle und kostbare Ressource darstellt, die entsprechende Investitionen in Lernen, Invention und Innovation rechtfertigen. Andererseits aber behindert jeder Eigentumsschutz für Wissen den freien Austausch von verteiltem Wissen. Insbesondere für große Organisationen ist deshalb Wissensmanagement unabdingbar damit verknüpft, brauchbare und differenzierte Regelungen für intellektuelle Eigentumsrechte von Personen, Teams und Organisationen zu etablieren.

3.2 Wissen heißt: Einbau von Informationen in systemisch relevante Praxis

Die Wissensspirale von Nonaka und Takeuchi weist auf eine wichtige Einschränkung von Wissensmanagement hin: Nicht *jede* Organisation braucht Wissensmanagement. Kleine, überschaubare Organisationen, deren Mitglieder sich regelmäßig persönlich treffen und die Zeit und Gelegenheit haben, sich regelmäßig über ihre Erfahrungen (mit Prozessen, Produkten, Kunden, Klienten etc.) auszutauschen, brauchen kein formales, explizites System des Wissensmanagements, *denn sie praktizieren faktisch und implizit Wissensmanagement.* Ihnen Wissensmanagement nahe zu legen oder zu verkaufen hieße, Eulen nach Athen zu tragen. Allerdings ist diese Aussage nur mit Vorsicht zu genießen, und es sind mehrere Einschränkungen zu machen:

1) Der Prozess der Explizierung von implizitem Wissen hat sowohl für Personen wie auch für Organisationen einen eigenen, oft unschätzbaren Wert. Explizierung bedeutet, *sich über etwas klar zu werden*, sich etwas klar zu machen, Ordnung in seine Gedanken und Erfahrungen zu bringen, einen Prozess der Reflexion über das Erfahrene und Gelernte anzustoßen, insgesamt also: Sie bedeutet, ein diffuses, unklares, verschwommenes Wissen, das zwar irgendwie implizit vorhanden, aber noch nicht so richtig greifbar ist, dem heilsamen Zwang der Systematisierung, Einordnung, sprachlichen Fassung und Mitteilbarkeit zu unterwerfen. Tatsächlich wird man sich häufig erst dann darüber klar, was man gelernt hat und über welches Wissen man verfügt, wenn man darüber spricht – mit sich selbst oder mit anderen.

2) Dies gilt im besonderen Maße für Organisationen, weil sich in Organisationen schnell und unkontrolliert scheinbare Selbstverständlichkeiten, anonyme Erwartungen, scheinbar geteilte Überzeugungen, zugeschriebene Konsense, scheinbar offizielle Regeln, Mythen etc. bilden, die als implizite Annahmen herumschwirren. Sie sind deshalb so schwer auszumachen und zu korrigieren, weil sie nicht offen liegen, sondern unterschwellig wirken. Erst wenn solche Regeln etc. tatsächlich *zur Sprache gebracht*, also explizit thematisiert werden, lassen sie sich auf ihren Realitätsgehalt hin überprüfen. (In der Praxis hat sich für diese Überprüfung die systemische Methode des zirkulären Fragens bewährt; siehe dazu Simon u. Rech-Simon 1999.) Auch in diesem Sinne wird sich eine Organisation durch Explikation über etwas klar, was bislang nur als klar und selbstverständlich erschien.

3) In der Praxis erweist es sich als außerordentlich schwierig, ein funktionierendes Wissensmanagement in großen Organisationen flächendeckend einzuführen (ausführlicher dazu Abschnitt 5.1). Es ist daher sinnvoll, die Einführung von Wissensmanagement – wie jede tief greifende Kulturveränderung – in einem geduldigen Prozess in Form kleinerer, bescheidener Pilotprojekte zu starten. Daher sollte beispielsweise ein Projektteam oder eine Arbeitsgruppe ein explizites Modell von Wissensmanagement einführen und konkrete Instrumente des Wissensmanagements nutzen und trainieren, auch dann, wenn die Mitglieder sich regelmäßig persönlich treffen. Denn sie proben dabei in einem überschaubaren Rahmen und mit nachprüfbarem Nutzen Formen des Wissensmanagements, die später auf größere Bereiche der Organisation ausgedehnt werden können.

4) Explikation von implizitem Wissen fällt den meisten Menschen schwer, weil sie entweder nicht gelernt oder weil sie in einem Prozess der *déformation professionelle* erfolgreich verlernt worden ist. Gerade Manager tun sich darüber hinaus mit der Dokumentation von expliziertem Wissen überaus schwer: Sie haben verlernt, Geschichten zu schreiben, die sich nicht in der PowerPoint-Logik auf wenige *bullet points* reduzieren lassen (dramatische Belege am Fall der NASA dazu bei Tufte 2003). Je früher also ein Prozess des Umlernens oder Wiedererlernens beginnt, desto besser für das Wissensmanagement.

Wenn Wissen durch den Einbau von Informationen in eine systemisch relevante Praxis entsteht und wenn ein solchermaßen erzeugtes Wissen zur kritischen Produktivkraft für Organisationen wird, dann lohnt es sich, sehr sorgfältig zu bestimmen, was eine systemisch relevante Praxis ist. Diese Überlegung schließt die Themenstellung des Wissensmanagements an andere Themen an, die gegenwärtig für Theorie und Praxis des Managements besonderes Gewicht aufweisen: strategische Positionierung, Kernkompetenzen und Kerngeschäft. In den Kapiteln 4 und 6 werden einige dieser Verbindungen aufgenommen. Hier muss der Hinweis genügen, dass Wissen umso teurer und kostbarer ist, je spezifischer, singulärer, wertschöpfender und exklusiver (proprietärer!) sich eine bestimmte Form von Praxis darstellt. Keineswegs ist also Praxis gleich Praxis. Auch aus diesem Grund muss eine Organisation unter dem Aspekt des Wissensmanagements klar entscheiden, welche Art von Praxis sie realisieren will und welche nicht.

Die Kosten des Wissens

Was für ein bestimmtes System eine relevante Praxis ausmacht, wird auch dadurch bestimmt, welche Kosten-Nutzen-Struktur diese Praxis und also das damit verbundene Wissen aufweisen. Die Kosten von Arbeit regelt der Arbeitsmarkt. Die Kosten von Kapital regelt der Kapitalmarkt. Aber wo werden die Kosten von Wissen bestimmt, und wo gibt es einen Markt für Wissen?

Wohl gibt es Märkte für Experten und professionelle Dienstleister, also Märkte für Ärzte, Anwälte, Forscher, Therapeuten etc. Es sind dies jedoch (Arbeits-)Märkte für Wissensarbeiter, auf denen sich die Preise für personale Expertise bilden. Für den Fall etablierter, traditioneller Professionen sind die Kosten des Wissens also insoweit kalkulierbar. Probleme gibt es aber bei neuen Typen von Wissensarbeitern oder Symbolanalysten (Reich 1991), hochspezialisierten Ingenieuren oder Pharmachemikern, Netzwerkexperten, Investmentbankern, Analysten, hochspezialisierten Beratern etwa für Merger & Acquisitions und vergleichbaren Experten. Hier können die Kosten für Wissensarbeit extrem hoch werden.

So ist bekannt, dass Investmentbanken im Kampf um Spitzenkräfte zwei- und dreistellige Millionenbeträge als „Bleibeprämien" bezahlt haben. Erhebliche Probleme gibt es auch in der Einschätzung der Kosten von organisationalem Wissen. So hat die Beratungsfirma KPMG bis 1999 60 Millionen Dollar in

Wissensmanagement investiert und die Firma McKinsey noch einiges mehr, aber es ist schwer zu bestimmen, welches und „wie viel" Wissen damit produziert worden ist (Shand 1999). Um den Kosten von Wissen auf die Spur zu kommen, ist es erforderlich, die Genese von Wissen durch die Einpassung von relevanten Informationen in relevante Erfahrungskontexte genauer zu betrachten.

Die Kostenstruktur von Wissen ergibt sich aus den Hauptkomponenten, aus denen Wissen zusammengesetzt ist: Daten, Informationen und Praxis. Daten sind umso kostspieliger, je aufwändiger die Beobachtungsinstrumente sind, die zu ihrer Erzeugung erforderlich werden. Das Hubble-Teleskop kostete einige Milliarden Dollar, ebenso die Detektoren der großen Forschungsanlagen für subatomare Teilchenphysik, etwa CERN. Auch Daten über Kundenverhalten, Kundenpräferenzen, Kundenerwartungen und Kundenbewertungen für differenzierte Produkte oder für professionelle Dienstleistungen sind nur aufwändig zu erheben, während etwa Daten über Wählerpräferenzen im Hinblick auf politische Wahlen kostengünstig zu beschaffen sind. Daten sind auch umso wertvoller, je proprietärer und geheimer sie gehalten werden können, wenn sie für Konkurrenten wichtige Informationen liefern könnten. Selbst ein Experte wie Karl Sveiby irrt hier. Er verwechselt Informationen mit Daten, weil er keinen theoretisch fundierten Begriff für Informationen hat, und kommt deshalb zu dem abwegigen Schluss: „Information is meaningless and of low value" (Sveiby 1997, p. 43).

Eine zweite Kostenkomponente von Wissen sind die Kosten der Herstellung von *Informationen* aus Daten.

> *„Die klarsten Beispiele für spezifisch zugeschnittene Güter sind Forschungsberichte wie diejenigen, die von der Gartner Group, Forrester Research, dem Research Board oder ähnlichen Organisationen vorgelegt werden. Beispielsweise verkauft das Research Board Forschungsberichte an CIOs (IT-Vorstände), die*

genau auf deren Interessen und Bedarfe ausgerichtet sind. Im Gegenzug bezahlen Mitgliederfirmen Beiträge von 50 000 bis 70 000 Dollar pro Jahr für diese Information, einfach, weil es sehr schwierig ist, derart detaillierte und personalisierte Informationen anderswo zu bekommen" (Shapiro a. Varian 1999, p. 37; Übersetzung: H. W.).

Kosten entstehen bei der Produktion von Informationen dadurch, dass Relevanzkriterien entwickelt und angewendet werden, die aus den Ozeanen von Daten bedeutsame Informationen herausfiltern. Wie hoch diese Kosten sein können, zeigen heute beispielhaft Methoden und Modelle der Beurteilung und Auswertung von Kursentwicklungen oder Risikomodelle für die Beurteilung von komplexen Risikokonstellationen. Die Daten, etwa zurückliegende Kursverläufe, stehen jedermann praktisch kostenlos zur Verfügung. Aber es ist äußerst kostspielig, die Relevanzkriterien zu entwickeln, die aus diesen Daten aussagekräftige Informationen machen. Weiter entstehen Kosten dadurch, dass bei allen Formen von Kooperation und Koordination die Relevanzkriterien der beteiligten Akteure aufeinander abgestimmt werden müssen, damit überhaupt ein geordneter Informationsaustausch in Gang gebracht werden kann.

Welche Dimensionen die Kosten von Information annehmen können, lässt eine Schätzung für das amerikanische Gesundheitssystem erahnen:

„Etwa ein Drittel der Kosten des Gesundheitssystems in den USA – etwa 350 Milliarden Dollar – entstehen durch das Erfassen, Speichern, Prozessieren und Verwenden von Informationen: Patientendaten, Abrechnungen und Versicherungsdaten" (Evans a. Wurster 2000, p. 9; Übersetzung: H. W.).

Je zerklüfteter die Interessenlandschaft ist, in der sich die Akteure bewegen, desto aufwändiger und kostspieliger die Abstimmung.

Die Kosten von wissensgenerierender Praxis sind noch komplexer. Wissen bezeichnet, wie ausgeführt, eine kommunikativ konstituierte und konfirmierte, also „*bewährte*" *Praxis*, in die passende Informationen an passender Stelle eingebaut werden und in der sich soziale Praktiken zu handlungsleitenden Mustern verdichten. Nach einer schönen Definition von Laura Empson (1999, p. 8) bestehen Informationen „aus Daten, die mit Relevanz und Absichten versehen sind. Informationen entwickeln sich zu Wissen, wenn sie dazu benutzt werden, zu vergleichen, Folgerungen abzuschätzen, Verbindungen zu schaffen und Dialoge in Gang zu bringen. *Wissen kann daher als Informationen angesehen werden, die mit Erfahrung, Beurteilung, Intuition und Werten aufgeladen sind*" (Übersetzung: H. W.).

Der dritte Kostenfaktor von Wissen ist deshalb der Aufwand für die Herstellung einer sozialen Praxis, in der Informationen in sinnhafte, evaluierende, vergleichende und handlungsleitende Muster verdichtet werden. Der Aufbau und der Transfer von Wissen geschieht typischerweise in Prozessen der Sozialisation, der Ausbildung, der Professionalisierung, insgesamt in Prozessen der Formierung, Formulierung und Internalisierung von Regeln oder ihrer Einschreibung in soziale Artefakte. Der Aufbau von Wissen impliziert immer „sensemaking" (Weick 1995), also die Herstellung einer sinnhaften Ordnung in den Topographien des relevanten Wissens.

Neue Informationen führen allerdings keineswegs zwingend zu neuem Wissen. Sie können auch ausgeblendet und die Generierung von neuem, aber nicht „passendem" Wissen kann abgelehnt werden. Ebenso setzen sich Systeme nicht ohne weiteres neuen Erfahrungen aus. Immer muss es gute Gründe dafür geben, die Sinn ergeben, und selbst wenn andere Beobachter gute Gründe in Hülle und Fülle sehen, kann das System selbst ganz anderer Meinung sein.

Die Kosten von Wissen hängen mithin außer von den Kosten für Daten und Informationen von den Kosten der Herstellung einer sozialen Praxis ab, in der bestimmte Erfahrungsmuster erzeugt und konfirmiert werden. Ein erster Kostenfaktor dafür ist die Zeit, die eine solche Konfirmierung beansprucht. Es überrascht deshalb nicht, dass professionelle Dienstleistungen (im Durchschnitt und im Prinzip) umso teurer sind, je länger die Ausbildung dafür dauert. Das gilt vor allem für die klassischen Professionen und ist dafür gut belegt (Thurow 1999, p. 210 ff.).

Ein weiterer Faktor, der die Kosten von Wissen bestimmt, ist die Exklusivität einer bestimmten Praxis und die Schwierigkeiten ihrer Realisierung. Viele können Medizin oder Jura studieren, aber nur wenige gelangen in das Allerheiligste der Operationssäle von *Johns Hopkins* oder in *das* der in den oberen Stockwerken liegenden Besprechungszimmer von *Goldman Sachs*. Es gibt viele brillante Programmierer und Software-Architekten, aber nur wenige gelangen in die kleinen Zirkel der Ingroups, in deren kommunikativer Praxis die disparaten Kompetenzen zusammenfinden und die Technologien konvergieren, die zu Durchbrüchen führen. Es gibt viele kompetente Berater, aber nur wenigen gelingt es, mit Unternehmensvorständen und Direktoren von *McKinsey* oder *Arthur D. Little* zusammen zu arbeiten und so die Expertise zu generieren, die heute den „state of the art" markiert.

Noch exklusiver sind die Kreise, die sich professionell mit Nichtwissen beschäftigen (Strulik 2000a, S. 202 ff.). Expertise im Umgang mit Nichtwissen ist nach wie vor dadurch behindert, dass viele den Ausweg in Richtung Wissen suchen und nur wenige die Unsicherheit aushalten, die neue Optionen eröffnet und möglicherweise dazu führt, dass Kontingenzen nicht naturwüchsig hereinbrechen, sondern in Grenzen steuerbar werden (aufschlussreiche Studien dazu am Fall der Entwicklung der „Black-Scholes-Merton-Formel" für die Preise von Optionen bei MacKenzie 2003a, 2003b).

In dem Maße, wie die Leistungen und die Leistungsfähigkeit von Personen und Organisationen von intellektuellem Kapital, Wissen und Expertise abhängen, werden die Kosten von Wissen zu einem Faktor, der die Logik der Ökonomie zu prägen beginnt: Die Ökonomie dreht sich in den Wind, der das Wissen bringt. Die Logik der Wissensökonomie und damit verbunden die Kosten und der Nutzen von Wissensmanagement werden deshalb so lange nur unzureichend begreiflich sein, als es über die Kosten des Wissens und insbesondere über die Kosten des Nichtwissens nur vage Vermutungen gibt.

Siehe als Überblick über die begrifflichen Komponenten des Wissens Tabelle 2.

	Daten	Information	Wissen
Basis-operation	codierte Beobachtungen	systemisch relevante Daten	Einbau von Informationen in Erfahrungskontexte
Restrik-tionen	Zahlen Sprache/Texte Bilder	Information ist system-relativ	gemeinsame Praxis „community of practice“

Tabelle 2: Merkmale der Grundbegriffe

4 Theoretische Leitfragen

Dieses Kapitel ist kurz gehalten, weil es sich auf wenige ausgewählte theoretische Fragen beschränkt, die in den ersten drei Kapiteln nur gestreift wurden, die aber für ein systemisches Verständnis von Wissensmanagement wichtig sind.

4.1 Wissen und Lernen

Lernen ist der Prozess und Wissen das Ergebnis. So weit ist es ganz einfach. Schwierigkeiten entstehen vor allem dadurch, dass für komplexe adaptive Systeme, also auch für Personen und Organisationen, Lernen schlicht unvermeidlich ist. *Lernen lässt sich gar nicht vermeiden.* Ebenso, wie Menschen (wenn sie wach und interaktiv sind) nicht *nicht* kommunizieren können, weil auch die bewusste Verweigerung expliziter Kommunikation eine umso deutlichere implizite Kommunikation ist, so können psychische und soziale Systeme nicht *nicht* lernen. Denn jede Art von Praxis erzeugt irgendein Lernen.

Lernen ist sehr elementar definiert als die Anpassung eines komplexen Systems an Umweltbedingungen. Da sich Umweltbedingungen immer (und mehr oder weniger kontinuierlich) verändern, muss sich jedes soziale System ausnahmslos und kontinuierlich an Umstände und Konstellationen einer Praxis anpassen, die sich in irgendeinem Detail verändert hat. Lernen hat also zunächst nichts mit Qualität oder Fortschritt oder Perfektion zu tun, nicht einmal notwendig etwas mit Überleben, sondern alles mit selbstgesteuerter und auf systemeigenen Perzeptionen fußender Selbstreproduktion psychischer und sozialer Systeme.

Damit ist auch gesagt, dass Lernen keineswegs positiv oder produktiv sein muss. Es *kann* auch destruktiv oder pathologisch sein. Chris Argyris analysiert dies unter dem Stichwort „defensive Routinen“: „Da die meisten Akteure in einem sozialen System solche defensive Muster ständig benutzen, werden sie zu organisationalen Normen, die in der Kultur eines Systems verankert sind. Somit entwickeln sich individuelle zu organisationalen defensiven Mustern“ (Argyris 1987, S. 8; ausführlich Argyris a. Schön 1996).

Alles hängt von den Umständen und den Zielen des Lernens ab. Eine Person, die lernt, mit Mord und Totschlag im Großstadtdschungel zu überleben, lernt zwar aus der Sicht der Gesellschaft etwas „Falsches“, für sich selbst aber das Erforderliche. Eine Person, die in einer unerträglichen Familiensituation psychotische Verhaltensweisen lernt und damit überlebt, lernt zwar aus der Sicht der Schulmedizin „pathologisch“, für sich selbst aber hilfreich. In analoger Weise lernen Organisationen häufig aus vergangenen Erfolgen und leiten daraus bestimmte Strukturen, Prozesse und Regeln ab. Aus diesem durchaus sinnvollen Lernen wird aber pathologisches Lernen, wenn die gelernten Lektionen so versteinert und mythologisiert werden, dass Organisationen Veränderungen ihrer Umwelt nicht mehr wahrnehmen und an den alten Regeln auch dann noch festhalten, wenn sie sich destruktiv auswirken.

Lernen heißt also *nicht*, Problemlösen aus der Sicht eines externen Beobachters, sondern Problemlösung aus der Sicht des lernenden Systems. Aus der Sicht eines externen Beobachters, der andere Kriterien zugrunde legt, kann deshalb das Lernen eines Systems für das System selbst tatsächlich destruktiv oder pathologisch sein.

Dieser Zusammenhang bringt einige Autoren zu der Annahme, dass vorhandenes Wissen weiteres Lernen verhindere. Dies ist sicherlich überzogen und schüttet das Kind mit dem Bade aus. Denn genauso gut wie vorhandenes Wissen ein revidierendes Lernen verhindern kann, so kann es im Gegenteil auch zu besonders intensivem und gezielten Lernen anregen. Beides ist möglich, sodass die Wahl einer Alternative von anderen kontingenten Faktoren abhängt, etwa von vergangenen Erfahrungen mit Lernen oder mit selbstreferenzieller Abschließung gegenüber externen Einflüssen (vgl. die schematische Darstellung in Abb. 1).

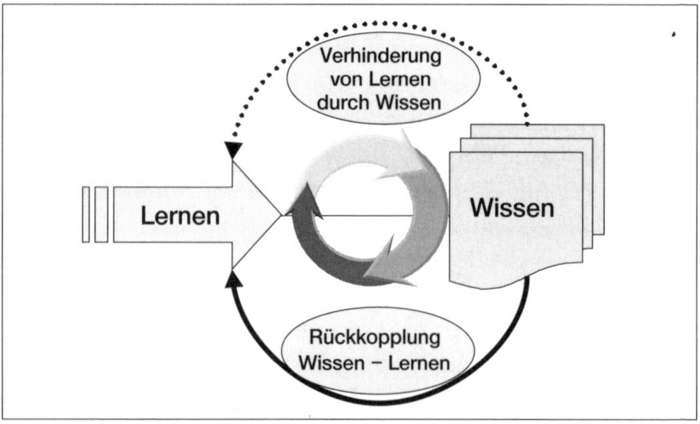

Abb. 1: Zusammenhang von Lernen und Wissen

Zwar ist elementares Lernen für komplexe Systeme unvermeidlich, doch gilt dies keineswegs für höhere Stufen des Lernens. Schon früh hat Gregory Bateson drei Stufen des Lernens unterschieden: „single loop", „double loop" und „Deutero-Lernen" (1972, S. 179 ff.). Darauf aufbauend, unterscheiden Argyris und Schön drei Stufen des Lernens: Lernen, reflexives Lernen und reflektiertes Lernen (1996, S. 20 ff. u. 11 ff.). Reflexives Lernen beinhaltet ein Lernen des Lernens, verfolgt also das Ziel eines schnelleren und effektiveren Lernens. Die Stufe des reflektierten Lernens ist erreicht, wenn ein System sich auch noch eine Strategie des Lernens zurechtlegt, also die Frage beantwortet, *was* vorrangig zu lernen sei und *worauf* sich das Lernen richten soll. Höhere Stufen des Lernens sind voraussetzungsvoll und verlangen, dass ein System weiß, dass es mit Lernen mehr erreichen kann als eine bloße Anpassung an seine Umwelt: vor allem nämlich die Fähigkeit, besser und schneller zu lernen, sowie die Fähigkeit, strategisch zu handeln.

Systemisches Wissensmanagement zielt darauf, Personen und Organisationen zu befähigen, zwei Kernkompetenzen zu entwickeln, die im Hinblick auf das Anspruchsniveau der Wissensgesellschaft als allgemeine (generische) Kernkompetenzen verstanden werden müssen: *Lernfähigkeit und Innovationskompetenz*. Beide Kompetenzen verlangen höherstufiges Lernen, und erst die Formen des reflexiven und des reflektierten Lernens erzeugen das Wissen, das als gezieltes und strategisch relevantes Wissen eine kompetitive Exzellenz von Personen und Organisationen ermöglicht (Kaplan u. Norton 1992).

4.2 Wissen und Nichtwissen als Form des Wissens

Der Begriff der *Form* kommt ins Spiel, wenn es notwendig erscheint, für ein angemessenes Verständnis eines bestimmten Begriffes auch einen dazugehörenden Gegenbegriff mitzudenken. In der Lesart, die Luhmann dem Vorschlag von George Spencer-Brown (1979, S. 1) gibt, bezeichnet der Begriff „Form" die Einheit einer Differenz und darüber hinaus als Paradox auch noch die Identität einer Unterscheidung, „die sich selber in sich selber unterscheidet" (Luhmann 1993, S. 201). Die Form des Wissens bezeichnet demnach die Einheit von Wissen und Nichtwissen, wenn Nichtwissen die andere Seite des Wissens bezeichnen soll. Andere Differenzen wären, wie erwähnt, die von Wissen und Glauben oder von Wissen und Fühlen oder von Wissen und Machen.

Diese Vertiefung des Wissensbegriffs durch eine bestimmte Form des Wissens hat zwei Konsequenzen für ein systemisches

Wissensmanagement. Sie bindet (1) Wissen noch enger an Kommunikation, weil Kommunikation im Kern den Umgang mit Nichtwissen betrifft. Und sie (2) präzisiert die Bedeutung von Nichtwissen für Systeme mit der Kategorie des Systemrisikos. Beide Aspekte werden im Folgenden kurz beleuchtet.

1) Luhmann versteht unter Kommunikation einen dreistufigen Selektionsprozess: „Begreift man Kommunikation als Synthese dreier Selektionen, als Einheit aus Information, Mitteilung und Verstehen, so ist die Kommunikation realisiert, wenn und soweit das Verstehen zustande kommt“ (Luhmann 1984, S. 203). Kommunikation ist genau deshalb eine emergente Qualität der sprachlich vermittelten Interaktion von Personen, weil sie sich von den einzelnen Personen löst und als symbolisch konstruierte Korrelation (Verstehen) eine eigene Realität begründet.

Dennoch bleibt die Frage, warum Personen überhaupt kommunizieren. Die systemtheoretische Antwort ist zunächst verblüffend: Sie kommunizieren, weil sie eine Konstellation des *Nichtwissens* auflösen wollen: „... denn Kommunikation findet ihren Anlaß ja typisch im Nichtwissen“ (Luhmann 1997, S. 39). Es gibt ansonsten keinen vernünftigen Grund für Kommunikation. Wenn ich etwas mitteile, was der andere schon weiß, dann handelt es sich um überflüssiges Geschwätz, das kein Verstehen auslöst, also auch keine Kommunikation abschließt. Kommunikation ist demnach die Basis von Wissen und von Wissensmanagement – jedenfalls aus systemischer Sicht.

Schematisch dargestellt, ergibt sich der in Abb. 2 gezeigte Zusammenhang.

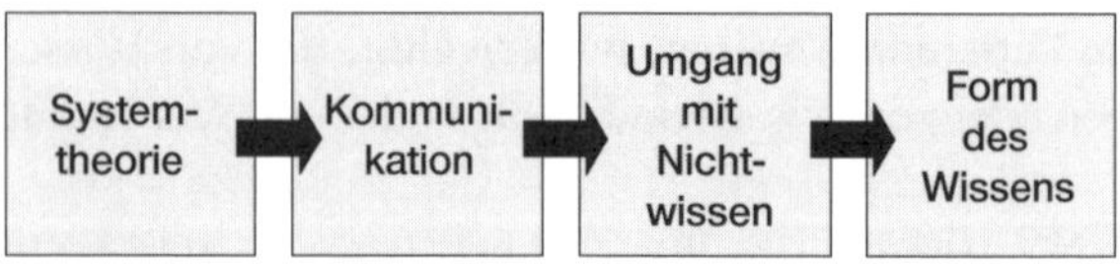

Abb. 2: Eine systemische Ableitung der Form des Wissens

2) Die für die Wissensgesellschaft relevante Form des Wissens ist demnach Wissen/Nichtwissen. Dies trägt der gestiegenen Bedeutung des Nichtwissens Rechnung, das bereits in der Industriegesellschaft in der Kategorie des Risikos sich bemerkbar macht, aber dadurch entschärft werden konnte, dass die Risiken, die aus bestimmten Entscheidungen unter Ungewissheit folgten, nur in seltenen Ausnahmefällen (wie Pearl Harbour, Vietnam-Krieg, Bhopal oder Tschernobyl) das Ausmaß lokal begrenzter Ereignisse übertraf. „Normale" Risiken (Perrow 1988) dagegen lassen sich erstaunlich wirksam dissimulieren, weil sie als vereinzelte und erklärbare Irrtümer dargestellt werden können. Anders wäre es, wenn genau diese Isolierung nicht mehr gelänge, weil zu viele Ereignisse mit zu vielen anderen Ereignissen in einer Weise zusammenhängen, die der Entscheidung einzelner Akteure entzogen ist.

In infrastrukturell vernetzten Systemen mit zunehmend globaler Reichweite scheint genau dies einzutreten. Damit kommt ein neuer Typus von Risiko ins Spiel, welcher der neuen Bedeutung von Nichtwissen in komplexen, vernetzten und nicht mehr ohne weiteres dekomponierbaren Systemen entspricht: Der Typus bzw. die Kategorie des *Systemrisikos*. Damit ist gemeint, dass ein Risiko nicht mehr nur einzelne Komponenten eines arbeitsteiligen, mechanistischen Zusammenhanges betrifft, sondern die Operationsweise eines Systems insgesamt dadurch, dass bestimmte Einzelrisiken sich durch die Vernetzung der Elemente zu einer systemischen Destabilisierung aufschaukeln.

Der Hintergrund dafür ist mit Blick auf Wissen, dass nicht nur das „normale", jedem Wissen korrespondierende Nichtwissen sich in ebenso „normale" Risiken transformiert, sondern dass sich darüber eine Ebene des systemischen Nichtwissens schiebt, welche ein Systemrisiko erzeugt, sobald Entscheidungen diese Ebene erreichen. Systemisches Nichtwissen bezeichnet ein Nichtwissen, das die Logik, die Operationsweise, die Dynamik, die emergente Qualität, die Ganzheit eines selbstreferenziell geschlossenen Zusammenhangs von Operationen betrifft. Konkrete Fälle gibt es zuhauf: *Lipobay* für die Pharmafirma *Bayer*, der *Enron-Skandal*, die unkalkulierbaren Folgen der Osterweiterung der EU, die gentechnische Veränderung von Lebensmitteln, die Effekte des Autoverkehrs auf das Weltklima, die Konsequenzen der Erfindung von Derivaten für das Weltfinanzsystem und viele mehr.

Die Wissensgesellschaft beginnt ihre Karriere aus diesen Gründen nicht mit einem Triumph, sondern mit einer Krisis des Wissens (Willke 2001b). Diese Krise wird kognitiv getrieben durch eine Umstellung der Form des Wissens auf die Einheit der Unterscheidung von Wissen und Nichtwissen. Für die Wissensgesellschaft weiten sich die Bedingungen der Möglichkeit von Risiken aus, weil das jedem neuen Wissen korrespondierende neue Nichtwissen sich nicht mehr auf abgegrenzte Parzellen überschaubarer Ignoranz beschränkt, sondern sich zu einem systemischen Nichtwissen ausweitet, welches entsprechende Systemrisiken mit sich trägt.

Es ist nun leicht zu sehen, dass systemisches Wissensmanagement genau darauf zielt, Organisationen darin zu unterstützen, mit unvermeidbarem Nichtwissen und systemspezifischer Intransparenz besser umzugehen. Wissensmanagement dient auch dazu, Kompetenzen im Umgang mit Ungewissheit zu entwickeln. Je stärker Organisationen (und insbesondere Unternehmen) ihre Perspektive und ihre Interessen von der Vergangenheit in die Zukunft verlagern und je stärker sie ihre Wertschöpfung von zukünftigen Ereignissen und Konstellationen abhängig machen müssen, desto wichtiger wird der kompetente Umgang mit einer Zukunft, die notwendig ungewiss und risikoreich ist und bleibt (aufschlussreich dazu für den Fall der Finanzmärkte Piel 2003, S. 29 ff.).

4.3 Wissen der Person und Wissen der Organisation

Die grundlegenden Probleme des Wissensmanagements kreisen um die Frage, wie das Zusammenspiel von personalem und organisationalem Wissen verstanden und organisiert werden kann.

Um die neue Qualität heutiger Wissensarbeit verstehen zu können, sollte man sehen, dass es dazu nicht ausreicht, dass *entweder* die Person *oder* die Organisation, in welcher eine Person agiert, wissensbasiert operieren. Sokrates hat ohne Zweifel Wissensarbeit verrichtet, aber er brauchte zu seiner Form von Wissensarbeit keine große Organisation. Die Weltkirchen und die parlamentarischen Systeme moderner Demokratien sind erstaunlich elaborierte und intelligente Organisationen, aber in ihrem Kontext gelingt nur zufällig und sporadisch Wissensarbeit, weil sie geradezu darauf gründen, dass für ihre Operationsweise auch einfache und mittelmäßige Personen – Laien – ausreichen.

Erstaunlich viele Organisationen existieren länger als Menschen. Die katholische Kirche, die alten Universitäten, das englische Königshaus, der Kongress der Vereinigten Staaten, einige Handwerkskammern, die Bank von England, die Hansestädte, einige kirchliche Orden, die Sozialdemokratie und viele andere Organisationen, Institutionen und Verbände haben über Jahrhunderte hinweg Wissen angesammelt und in Regelsystemen, Datenbanken, Expertensystemen und einer organisationsspezifischen Wissensbasis präsent halten können. Keinem Menschen gelingt das, weil mit dem Tode sein mental gebundenes Wissen unwiederbringlich verloren geht.

Sicherlich haben auch Organisationen ihre Lebenszyklen. Sie entstehen, wachsen, kommen zur Reife und verschwinden irgendwann von der Bildfläche oder gehen in anderen Organisationen auf. Da ihre Wissenssysteme aber von vornherein in Form von geschriebenen Regeln, Akten, Zahlen, Daten, formulierten Erfahrungsgrundsätzen, Prozessablaufdiagrammen etc. als symbolische Systeme verkörpert sein müssen, um zugänglich und handhabbar zu sein, ist es leichter, diese Wissenssysteme zu kopieren und selbst beim Untergang einer Organisation zu erhalten. Auch dieser Aspekt bringt Organisationen bezüglich der Sammlung und Erhaltung von Wissen gegenüber Menschen in einen klaren Vorteil.

Die heute möglichen Formen von Wissensmanagement und Wissensarbeit ergeben sich erst, wenn beide Seiten, Personen und Organisationen, in komplementärer Weise Wissen generieren, nutzen und wechselseitig ihr Wissenspotenzial sich zur Verfügung stellen. Genau darauf zielen die vier Vermittlungsmodi der „Wissensspirale" von Nonaka und Takeuchi, die bereits vorgestellt wurde. Und darauf zielt James Quinn, wenn er davon spricht, dass eine „intelligente" Firma lernen muss, unterschiedliche Wissensbestände zu managen und zu koordinieren (1992, p. 72).

Idee und Vision des „intelligenten Unternehmens" haben Managementtheorie und -praxis vehement erfasst (Chawla a. Renesch 1995; Senge 1990; Senge et al. 1996), nicht nur im Bereich professioneller Dienstleistungen durch Beratungsfirmen, Anwaltsfirmen, Design- oder Filmstudios, Krankenhäuser, Forschungsinstitute, Software-Firmen, Pharmaunternehmen etc., sondern auch über das gesamte Spektrum spezialisierter industrieller Produktion hinweg, von Spezialstählen über biogenetische Produkte bis hin zu Autofirmen, die feststellen, dass Elektronikbauteile inzwischen 25 % und bis zum Jahre 2005 40 % des Wertes eines Autos ausmachen.

Die scheinbar leicht einsichtige Formel, dass Mitglieder und Organisation sich ihr Wissen wechselseitig nutzbringend zugänglich machen sollten, ist in der Praxis aus mehreren Gründen außerordentlich schwer umzusetzen. Der Hauptgrund liegt darin, dass wir verhältnismäßig viel über den Aufbau und die Verwendung von Wissen, also die wissensbasierten Operationsweisen von Personen wissen, aber nahezu nichts über organisationale Intelligenz im Sinne einer kollektiven oder systemischen Eigenschaft organisierter Sozialsysteme. Frühe Überlegungen zum Problem organisationaler Intelligenz sprechen von einer intelligenten Organisation dann, wenn deren Mitglieder wissensbasiert arbeiten, also Professionelle oder Experten sind, und wenn sie sich gegenseitig in ihrer Arbeit nicht allzu drastisch behindern.

Demgegenüber lässt sich heute sehen, dass die eigentliche Schwierigkeit des Aufbaus organisationaler Intelligenz als Rahmen für Wissensarbeit darin besteht, eigenständige Expertise in die anonymisierten, transpersonalen Regelsysteme der Organisation einzubauen. Damit ist nicht gemeint, dass diese organisationsspezifische Wissensbasierung unabhängig von Personen überhaupt zustande kommt oder operiert, sondern dass sie unabhängig von *spezifischen* Personen ist, also im Sinne eines „collective mind" (Weick a. Roberts 1993) oder einer institutionalisierten Regelstruktur wirkt, welche das Handeln der Mitglieder mit einem hohen Grad an Erwartbarkeit anleitet.

Organisierte Wissensarbeit und intelligente Organisation als beispielhafte Konstellationen der systemischen Kombination von explizitem Wissen lassen sich in ihren Voraussetzungen und Implikationen wohl erst dann verstehen, wenn man die dahinter stehende Idee *systemischer Intelligenz* nicht mehr als bloßen Mythos abtut. Nicht Systemtheoretiker, sondern Chris Argyris und Donald Schön, die Erfinder der Idee organisationalen Lernens (und: Verlernens), haben dazu das Notwendige gesagt:

> *„Die distinguierten Sozialwissenschaftler waren von der Idee des organisationalen Lernens abgestoßen, als wir sie in den frühen 1970er Jahren zuerst unterbreitet haben. Organisationales Lernen roch ihnen nach einer quasimystischen Hegelianischen Personifizierung des Kollektivs. Ganz sicher, so meinten sie, könnten nur Individuen lernen, ebenso wie denken, argumentieren oder Meinungen haben. Für sie schien es paradox oder sogar per-*

vers, Lernen auch auf Organisationen auszudehnen" (Argyris a. Schön 1996, p. 4; Übersetzung: H. W.).

Wenn soziale Systeme lernen können, dann können sie auch Wissen generieren, speichern und in systemisch organisierten Prozessen anwenden. Tatsächlich ist es nicht besonders schwierig, empirische Fälle von „dummen" und „intelligenten" Organisationen zu unterscheiden, die diese Qualitäten unabhängig von den Qualitäten ihrer konkreten Mitglieder aufweisen (Willke 1997). Siehe dazu die folgende Grafik.

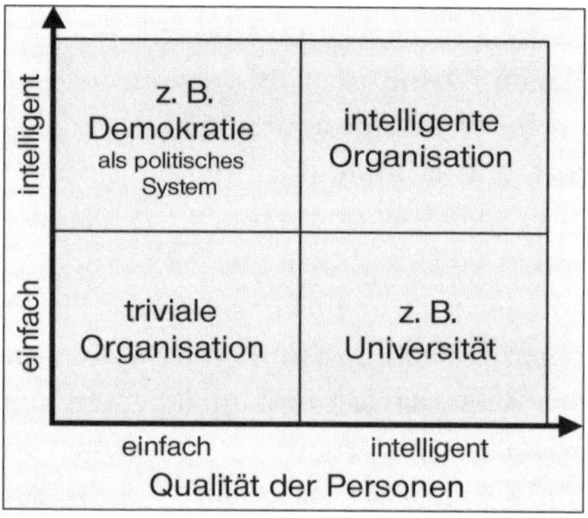

Abb. 3: Qualität der Organisation

Immer noch fällt es allerdings vielen schwer, sich überhaupt organisationales Wissen vorzustellen, also Wissen, das nicht in den Köpfen von Menschen gespeichert ist, sondern in den Operationsformen eines sozialen Systems. *Organisationales oder institutionelles Wissen steckt in den personenunabhängigen, anonymisierten Strukturen, Prozessen und Regelsystemen, welche die Operationsweise eines Sozialsystems definieren.*

Vor allem sind dies Standardverfahren (*standing operating procedures*), Leitlinien, Kodifizierungen, Arbeitsprozess-Beschreibungen, etabliertes Rezeptwissen für bestimmte Situationen, Routinen, Traditionen, spezialisierte Datenbanken, kodiertes Produktions- und Projektwissen und die Merkmale der spezifischen Kultur einer Organisation wie generalisierte Werte, leitende Mythen und normativ eingeschliffene Selbstbeschreibungen. Niklas Luhmann (1990, S. 11) beginnt seine Wissenstheorie auf der ersten Seite mit der Zumutung, die Zurechnung von Wissen auf das individuelle Bewusstsein zu lösen.

Wenn all dies auch nur einigermaßen plausibel ist, dann ergibt sich eine Konsequenz, die für den Menschen nicht besonders schmeichelhaft erscheint: Organisationen können ein sehr viel umfassenderes und komplexeres Wissen erwerben als Menschen. In diesem Sinne können Organisationen deutlich intelligenter sein als Menschen. Sie lösen Probleme, die kein Mensch allein lösen kann: Kein Mensch kann einen Kommunikationssatelliten, einen Pentium-Prozessor oder auch nur ein Handy bauen, geschweige denn, komplexe soziotechnische Systeme in die Welt setzen. Organisationen können das – und in diesem spezifischen Sinne sind sie intelligenter als jeder Mensch.

4.4 Wie lernen Organisationen?

Die genuin systemischen Merkmale von Organisationen sind:

- Strukturen
- Prozesse
- Regelsysteme

In diesen Merkmalen unterscheiden sich Organisationen grundlegend von den entsprechenden Merkmalen ihrer Mitglieder. Das Lernen von Organisationen als eigene systemische Einheiten, also *organisationales Lernen, besteht darin, dass Organisationen in ihre Strukturen, Prozesse und Regelsysteme Wissen einbauen.* Oder, umgangssprachlich ausgedrückt: dass sie in ihren Strukturen, Prozessen und Regelsystemen intelligent werden. In Übereinstimmung mit unserem Wissensbegriff bedeutet dies, dass Organisationen Informationen in ihre systemisch relevante Praxis einbauen.

Tatsächlich machen Organisationen seit einiger Zeit unter dem Stichwort „Restrukturierung" (Dixon et al. 1995; Hammer a. Stanton 1995) eigene Erfahrungen mit dem Umbau und der Gestaltung von Strukturen (was übrigens keineswegs heißt, dass diese Strukturen notwendig intelligenter werden!); sie machen unter dem Stichwort „Geschäftsprozessoptimierung" (Osterloh u. Frost 1996) eigene systemische Erfahrungen mit dem Umbau und der Gestaltung ihrer Wertschöpfungsprozesse; und sie machen unter dem Stichwort „Kulturwandel" (Wimmer 1995, Teil III) oder gar „interkulturelles Management" eigene Erfahrungen mit dem Umbau und der Gestaltung ihrer Regelsysteme. In allen drei Fällen geht es darum, die systemischen Merkmale der Organisation zu verändern, um sie veränderten Umweltbedingungen anzupassen und sie als Systeme effektiver und effizienter zu machen.

Systemisches oder organisationales Wissen kommt unweigerlich dadurch in die Organisation, dass sie operiert, also eine Praxis realisiert. Organisationen können Lernen genauso wenig vermeiden wie Personen. Auch für Organisationen ist deshalb nicht entscheidend, dass sie lernen, sondern *wie* und *was* sie lernen. Sie lernen nur dann schneller und effektiver als ihre Konkurrenten, wenn sie (1) das Lernen lernen und (2) klare strategische Entscheidungen darüber fällen, was sie vorrangig lernen wollen. Diese Lernfähigkeiten zweiter und dritter Ordnung (reflexives und reflektiertes Lernen) müssen in die Strukturen, Prozesse und Regelsysteme der Organisation eingelassen sein, will man die Organisation als Organisation – und nicht nur ihre Mitglieder – auf das entsprechende Niveau des Lernens bringen.

In *Strukturen* lässt sich reflexive Lernfähigkeit dadurch einbauen, dass sie nicht, wie üblich, nur als normative Verfestigungen verstanden werden, sondern als Hybrid aus normativen und kognitiven Komponenten. Es müssen also Komponenten erfunden werden, welche die starre, normative Rasterung der Strukturen durchbrechen, allerdings dabei die Strukturen nicht völlig auflösen. Tatsächlich gibt es einige solcher Komponenten schon längst: vor allem in der Form informaler Organisation und in den Formen von Projektarbeit, Querschnittsfunktionen oder *special teams*. Darüber hinaus gibt es einige Entwicklungen, die allerdings in ihrer Bedeutung oft überschätzt werden, in Richtung des Einbaus von Netzwerken, virtuellen Teams etc. in bestehende Organisationsstrukturen, die jedenfalls im Prinzip geeignet erscheinen, die Lernfähigkeit von Strukturen zu steigern.

Auch in *Prozesse* können Organisationen in analoger Weise Intelligenz in Gestalt reflexiver Lernfähigkeit einfügen. Ich möchte das nicht ausführen, sondern gleich zum nächsten Schritt des reflektierten Lernens übergehen. Etwas aufwändiger wird es, wenn eine Organisation den Ehrgeiz hat, ein strategisches Lernen in der Praxis ihrer Prozesse zu ermöglichen. Während Strukturen die Sozialdimension betreffen, indem sie in transpersonalen, anonymisierten Formen die Beziehungen zwischen Personen regeln, richten sich Prozesse primär auf die Zeitdimension. Prozesse organisieren, takten und koordinieren komplexe Abläufe in der Zeit. Intelligenz der Prozesse bedeutet deshalb vor allem eine intelligente Nutzung der Zeitdimension.

In der Praxis heißt dies gegenwärtig erstaunlich klar und eindeutig: Umstellung der Geschäftsprozesse von der traditionellen Orientierung an vergangenen Ereignissen auf eine Orientierung auf zukünftige Konstellationen. Dies soll beispielhaft am Fall strategischer Planungs- und Controllingprozesse verdeutlicht werden.

Man sollte allerdings an diesem Punkt nicht das Kind mit dem Bade ausschütten. Gerade weil angesichts hoher, nicht beherrschbarer Komplexität eine strategische Positionierung für zielorientierte Organisationen so wichtig ist, sollte diese Ausrichtung nicht mit Ansprüchen überfrachtet werden, die zum Scheitern verurteilen und Organisationen dazu zwingen, auf mehr oder weniger krummen Wegen ihren eigenen normativen Festlegungen zu entkommen. Nötig erscheint daher eine *kognitive Wende im strategischen Denken*, das sich von einer primären Orientierung an einem präskriptiven, normativen, lernunwilligen Erwartungsstil verabschiedet, um sich den nötigen Freiraum für Wissensbasierung, Lernfähigkeit und Kontextsteuerung zu schaffen. Das Problem ist, dass all dies auch mehr Unordnung und Ungewissheiten erzeugt.

Hermann Simon weit zu Recht darauf hin, dass der Grad der Mischung von Ordnung und Chaos auch von der Systemgeschichte und dem Reifegrad einer Organisation abhängt:

> *„Großunternehmen haben in der Regel zu viel Ordnung und entwickeln ein Immunsystem gegen Chaos. [...] Junge, kleine Unternehmen operieren oft am anderen Extrem. Es wird ständig nur improvisiert, und das Chaos regiert. [...] Etwas übertrieben kann man sagen, dass die Mitarbeiter kleinerer Firmen ‚Ordnung nicht ertragen' können, während die Angestellten in Großfirmen zu viel ‚Angst vor Chaos' haben“* (Simon 2002, S. 53).

Strategische Planung ist ein eher irreführendes Konzept, weil es mit dem Begriff der Planung die Illusion klarer Ziele, klarer eigener und gegnerischer Absichten, klarer Mittel und klarer Erfolgskriterien verstärkt. Unter dem Zwang zu strategischer Planung – weil alle anderen es tun oder weil es die herrschende Beratungskonzeption so vorschreibt – verengt sich der Blick der Organisation auf das, was tatsächlich planbar ist, nämlich das Bekannte oder das normativ Erwartete. Unterstützt von ihrem strategischen Instrumentarium, *entgeht* der Organisation alles, was außerhalb des Normalen und Normativen liegt:

> *„... ein großer Teil der Zukunft wird für eine Firma unsichtbar bleiben, die der Sichtverengung auf ihren gegenwärtig ‚bedienten Markt' und der Orthodoxie ihrer aktuellen Produkt- oder Dienstleistungskonzeptionen sowie ihren gegenwärtigen Preis-*

Leistungs-Verhältnissen nicht entkommen kann" (Hamel a. Prahalad 1994, p. 83; Übersetzung: H. W.).

Strategische *Positionierung* dagegen sucht eine Position in einem teilweise unbekannten Gelände, in dem nicht nur mit Überraschungen und unerwarteten Hindernissen zu rechnen ist, sondern in welchem die Forschungsexpedition der Strategen sich kühne Konstruktionen vorstellen muss, welche die Landschaft verändern oder überhaupt erst die Topologie schaffen, in die sie vordringen will.

Damit kommt in den Blick, dass strategische Planung nicht eine isolierte Aktivität der Unternehmung ist, sondern in einem engen Zusammenhang mit Budgetierung und Controlling steht. Nur wenn diese drei Komponenten der Unternehmenssteuerung nicht gegeneinander arbeiten, sondern produktiv zusammenwirken, kann die Unternehmung als System wissen, was sie tut. Das Paket von Strategie, Budget und Controlling stellt die *Innenseite* eines Abstimmungsverhältnisses dar, dessen notwendige und korrelierende *Außenseite* heute von Rechnungslegung und Wirtschaftsprüfung über Auditing bis zum Rating reicht.

Eine Überwindung der Mythen strategischer Planung bedeutet deshalb zwingend, das Gesamtpaket von Strategie, Budgetierung und Controlling neu zu durchdenken. Die starre jährliche Budgetplanung ist nicht einmal für die öffentlichen Haushalte eine geeignete Steuerungsform. Die Budgets müssen permanent sowohl auf der Einnahmenseite wie auch auf der Ausgabenseite angepasst und verändert werden, weil niemand verlässlich die Einnahmen aus Steuern und Abgaben einschätzen kann und schon gar niemand weiß, welche überraschenden Ausgaben – etwa im Feld der Sozial- und Arbeitsmarktpolitik – auf die öffentlichen Hände zukommen.

Noch weniger geeignet erscheint eine jährliche Budgetplanung für Organisationen, die sich auf die tägliche Mikrodiversität neuer Bedingungen im Kleinen und auf die laufende Makrodiversität neuer Kontexte (Märkte, Technologien, Produkte, politische, rechtliche, ökologische etc. Rahmenbedingungen) einstellen müssen. Einige Pionierfirmen scheinen dem inzwischen Rechnung zu tragen und Steuerungsformen *beyond budgeting* zu praktizieren. (Siehe den kurzen Bericht von Schaudwet 2002 und die Minifallbeschreibung der schwedischen Bank *Svenska Handelsbanken*, die seit langem ohne Jahresbudgets und mit *rolling forecasts* arbeitet.)

Dies ist eine passende Formel, weil ja nicht beabsichtigt ist, nun ganz ohne eine Finanzplanung zu operieren. Vielmehr sollen die Fesseln eines starren, verhältnismäßig langfristigen Budgets aufgelockert werden zugunsten einer schneller rollierenden, flexibleren, lernbereiten Form der Budgetierung. Diese entspricht weniger einer klassischen Planung als einer kompakten Szenariomethode, die verlangt, kontinuierlich veränderte Daten und Bedingungen in ein Rahmenmodell der Finanzsteuerung einzuspielen und daraus Schlussfolgerungen für die Revision von Programmen und Maßnahmen zu ziehen.

Ein in diesem Sinne verstandenes strategisches Controlling geht bewusst von jeder Detailkontrolle ab (und überlässt sie dezentralen Controllern oder gleich den Führungskräften aller Ebenen für ihre ebenenspezifischen Erfolgskriterien), um sich auf eine Monitoring-Funktion konzentrieren zu können, in der das Controlling kontinuierlich die tatsächliche Entwicklung des Unternehmens mit den Markierungen der strategischen Positionierung vergleicht. Viel stärker als Zählen und Rechnen stehen demnach Beobachten, Evaluieren und Anregen im Fokus eines strategischen Controllings:

> „*Control systems can provide essential information to decision makers. But decision makers need knowledge to interpret that information. Information without knowledge is like pouring water into a sieve*“ (Marshall, Prusak a. Shpilberg 1996, p. 90).

Genau aus diesem Grund verändert sich das strategische Controlling vom Geschäft mit Zahlen zum Geschäft mit Wissen (Wollmann u. Willke 2003). Die spezifische Expertise, in welche dieses Wissen mündet, ist die Fähigkeit, kompetent zu entscheiden. Controlling liefert als Ergebnis seiner Arbeit deshalb eher ein laufend aktualisiertes Monitoring-System zu strategischen Führungsgrößen ab als ein durchgerechnetes Zahlenwerk auf der Basis von Daten, die niemand mehr ernst nehmen kann, weil sie sich laufend verändern. Es wird damit zu einem wissensbasierten Prozess der Organisationssteuerung.

An diesem für die Praxis der Positionierung von Organisationen entscheidenden Punkt erweist es sich, dass nichts praktischer ist als eine gute Theorie – etwa die Theorie des systemischen Wissensmanagements.

5 Praktische Aspekte des systemischen Wissensmanagements

„Und was mache ich am Montagmorgen anders?"
Standardfrage von Workshop-Teilnehmern

Es gibt inzwischen eine unüberschaubare Fülle an Studien zur Praxis des Wissensmanagements (eigene empirische Studien und weitere Nachweise bei Willke 1998). Viele davon sind lehrreiche Fallstudien (siehe dazu auch die Studien in den Online-Magazinen, z. B. www.wissensmanagement.net). Sie belegen, wie im richtigen Leben, die Höhen und Tiefen, die Kosten und Nutzen, die Triumphe und die Abstürze einer Praxis, die zumindest mutig genug ist, sich auf Experimente und Neues einzulassen. Die Lektüre solcher Fallstudien ist unabdingbare Voraussetzung dafür, ein Gefühl für die Wirklichkeit des Wissensmanagements zu bekommen.

Die großen Beratungsunternehmen sind ganz schnell auf den Zug des Wissensmanagements aufgesprungen. Sie haben es auch beinahe geschafft, eine wichtige und richtige Grundidee durch Übertreibung, Hype (Piel 2003), Inkompetenz und Einseitigkeit zugrunde zu richten. Inzwischen habe sich die Wellen und die Gemüter etwas beruhigt, und man kann besser erkennen, was schief gelaufen und was gelungen ist. In einem hilfreichen Überblick nennt Heiko Roehl (2002, S. 190 ff.) „sechs klassische Fehler": Instrumentenfixierung, Technologiedominanz, Missachtung von Vertrauen, Interventionen, ohne dass Probleme vorlägen, Standardlösungen gegen Diagnosen sowie Projektleichen statt Evaluation. Im Rückblick auf die ersten 10 bis 15 Jahre der Praxis lassen sich vier besonders gravierende

Fehler oder Fehlentwicklungen des Wissensmanagements herausheben:

- IT-Lösung statt Kulturveränderung
- *Top-down*-Lösung statt gut platzierter Pilotprojekte
- Kurzfristige Lösungen statt geduldiger Stärkung der Wissensbasierung
- Anwendung einer Toolbox statt Entwicklung angepasster Instrumente.

Alle vier Fehlentwicklungen sind eng mit Fehlern bei der Einführung von Wissensmanagement verknüpft, sodass sie im Folgenden unter diesem Titel behandelt werden.

5.1 Wie sollte man Wissensmanagement praktisch einführen?

Ausdrücklich geht es im Folgenden nicht um Patentrezepte oder um normative Vorgaben. Vielmehr möchte ich aus einer systemischen Sicht und mit dem Hintergrund einer zehnjährigen eigenen Praxis des Wissensmanagements Empfehlungen geben. Das Wort „sollen" in der Überschrift zielt also nicht auf Vorschriften, sondern auf Empfehlungen mit einem bestimmen Hintergrund. Für jeden anderen Hintergrund, jeden anderen Fall und jede andere Praxis müssen diese Empfehlungen entsprechend variiert und angepasst werden. Ich gebe also klare Empfehlungen ab und möchte nicht so tun, als hätte ich keine Präferenzen.

5.1.1 Kulturveränderung statt IT-Lösung

Wie die 1990er-Jahre insgesamt, so waren auch die ersten Jahre des Wissensmanagements von einer Goldgräberstimmung geprägt, in der insbesondere IT-Firmen und IT-lastige Beratungsfirmen Claims absteckten in der Hoffnung auf das schnelle

Geld. Alles, was nach Internet, Intranet, Vernetzung, IT-Lösung, *data-warehouse* oder gar Wissensdatenbank klang, wurde eingekauft, nahezu unabhängig vom Preis. Dass die Anbieter dieses Spiel mitmachten, ist nicht verwunderlich. Erstaunlich ist aber, dass auch die einkaufenden (und zahlenden) Organisationen mitspielten.

Dafür gibt es aufschlussreiche Erklärungen. Zum einen werden Entscheider magisch von Technologien angezogen, die schnelle, „saubere" Lösungen für komplizierte Probleme versprechen. Dies reicht vom einfachen Computer bis zu automatisierten *think tools*. Auch wiederholte Enttäuschungen und Fehlschläge mit technologischen Wunderheilungen scheinen den Glauben an Technologien und an einfach zu erreichende Produktivitätssteigerungen durch neue Technologien nicht erschüttern zu können (zum Stichwort „Produktivitätslücke" siehe Landauer 1996). Zum anderen scheuen Manager völlig zu Recht den Aufwand für das, was eigentlich nötig ist: eine Veränderung der Organisationskultur.

Die Einführung von Wissensmanagement als neuem und zusätzlichem Teil des allgemeinen Managements einer Organisation muss realistischerweise als Kulturveränderung, manchmal sogar als Kulturrevolution verstanden werden. Denn ein funktionierendes Wissensmanagement setzt mehrere zusammenhängende Veränderungen voraus, die insgesamt alle Komponenten von Management – Personen, Ressourcen und Organisationsziele – betreffen:

- Mitarbeiter müssen dazu bewegt werden, ihr eigenes Wissen zu explizieren, abzugeben und mit anderen zu teilen, vorhandenes und fremdes Wissen aufzugreifen und zu nutzen und dabei auch ihr Nichtwissen aufzudecken. Sie werden nur dann ihr Wissen teilen, wenn es dafür gute Gründe gibt.

- Der einzige realistische Grund dafür, dass ich mein Wissen teile, besteht darin, dass ich in einem Austauschprozess mehr Wissen erhalte, als ich abgebe. Die erfolgreiche Einführung von Wissensmanagement hängt daran, dass es gelingt, eine *Austauschlogik* verlässlich zu etablieren, die dafür sorgt, dass diejenigen, die Wissen abgeben, dafür zumindest gleich viel (besser: mehr) zurückbekommen.
- Dabei stellt sich heraus, dass Wissen eine ganz besondere, sehr persönliche und empfindliche Ressource ist, die bei weitem nicht so neutral und schematisch zu nutzen und zu managen ist wie etwa Kapital. Insbesondere stellt sich heraus, dass Personen nicht gezwungen werden können, in einer bestimmten Weise mit ihrem eigenen und externem Wissen umzugehen. Schon gar nicht können sie zu höherstufigem Lernen, zu einem innovativen und kreativen Umgang mit Wissen gezwungen werden.
- Das Verhältnis von Wissen zu anderen Ressourcen der Organisation ist prekär. Denn nicht nur das Verhältnis von Personen zu Wissen und ihr Umgang damit ist mit vielen Risiken behaftet; auch die finanziellen Kosten für Erzeugung, Explikation, Austausch, Kombination und Nutzung von Wissen sind nicht leicht und vor allem nicht mathematisch exakt zu bestimmen. Deshalb tun sich traditionelle Controller oder Finanzvorstände mit der Kosten-Nutzen-Struktur hinsichtlich Wissen schwer. Andererseits gibt es inzwischen hochinteressante Vorschläge für „Wissensbilanzen", die Berechnung des „intellektuellen Kapitals" einer Organisation oder für ein auf intellektuelles Kapital zugeschnittenes „accounting" (Edvinsson 1997; Edvinsson a. Malone 1997; Steward 1997, p. 222 ff.).
- Die Besonderheiten der Ressource Wissen in der Form von Wissen/Nichtwissen verlagert den Aufmerksamkeitshorizont von Organisationen von der Vergangenheit in die Zukunft. Damit verstärkt sich ein seit längerem laufender

Trend, wonach das Management Organisationsziele unter Bedingungen von Nichtwissen und Ungewissheit formulieren und damit zusätzliche und neuartige Risiken eingehen muss.

Allerdings gibt es auch keinen Grund, die Schwierigkeiten der Veränderung von Organisationskulturen zu übertreiben. Mit gut platzierten Pilotprojekten etwa im Projektmanagement oder mit der klugen Nutzung des Instruments der MikroArtikel (dazu unten, Abschnitt 5.3) in Teams oder Arbeitsgruppen lässt sich eine neue Kultur des Umgangs mit der Ressource Wissen auch in der überschaubaren Zeit von sechs bis neun Monaten erreichen. In ähnlichen Zeiträumen kann es auch gelingen, erste konkrete Nutzen *(quick wins)* eines Wissensmanagements zu demonstrieren und damit die Basis für größere und umfassendere Vorhaben zu schaffen.

5.1.2 Gut platzierte Pilotprojekte statt *Top-down*-Lösungen

Es gibt einige wenige beeindruckende Beispiel dafür, dass die Einführung von Wissensmanagement als *Top-down*-Lösung überraschenderweise gut funktioniert hat. Einer der Erfinder des praktizierten Wissensmanagements, die Beratungsfirma *McKinsey* zum Beispiel, hat eine solche Lösung in überzeugender Weise umgesetzt (Manville 1995, 1996). Auch die Firma *Siemens* hat auf Konzernebene eine kluge Strategie der Unterstützung von Wissensmanagement durch eine Kombination von zentraler strategischer Steuerung und dezentraler Implementation realisiert, die dem Anspruch gerecht wird, wonach *Siemens* sich als Firma versteht, die Wissen produziert und im Wissensgeschäft tätig ist.

Solche Ausnahmen dürfen nicht darüber hinwegtäuschen, dass im grauen Alltag der Normalfälle entweder die Unterstützung des Topmanagements für die Einführung von Wissensmanagement fehlt oder sonst irgendeines von vielen Hindernissen – von Ressorteifersüchteleien bis zu Streit über Budgets – ein großflächiges, aufwändiges Einführungsvorhaben unmöglich macht. Für solche Normalfälle gibt es dennoch Erfolg versprechende Strategien.

Sehr gute Erfahrungen gibt es mit der „U-Boot-Strategie". Sie besteht darin, in einem besonders geeigneten Bereich ein bescheidenes Wissensmanagementprojekt mit guten Aussichten auf Erfolg und *quick wins* zu starten – und das Ganze erst dann publik zu machen („auftauchen"), wenn es funktioniert. Geeignet ist ein Bereich dann, wenn dort bereits Erfahrungen und Expertise im Umgang mit Wissen und Nichtwissen vorliegen.

Gibt es in einer Firma bereits ein gutes Projektmanagementsystem oder ein modernes, strategisches Controlling oder eine sehr gut geführte Personalentwicklung oder eine innovative Organisationsentwicklung oder ein ähnliches Feld von Exzellenz, dann ist das ein geeigneter Anknüpfungspunkt für erweiterte Aktivitäten des Wissensmanagements. Ein hilfreicher Grundsatz dazu ist: Die Stärken stärken (und die Schwächen später ausbügeln).

Weitere Gelegenheiten, mit Wissensmanagement eher unauffällig und ohne großes Getöse Zusatznutzen zu stiften, ergeben sich dann, wenn eine Organisation neue Modelle und Instrumente der Systemsteuerung einführt, z. B. wenn sie eine Evaluierung der Organisationsleistung mithilfe der BSC oder nach EFQM durchfuhrt.

(BSC, Balanced Scorecard, ist ein umfassendes Evaluierungs- und Steuerungsinstrument, das neben der Säule der traditionellen, vergangenheitsorientierten Finanzindikatoren drei weitere Säulen von Indikatoren aufweist, die stärker zukunftsorientierte Leistungsfähigkeit messen: Kundenkapital, Qualität der Geschäftsprozesse und Innovationskompetenz; ausführlich dazu Kaplan a. Norton 1996. EFQM heißt *European Foundation of Qualitity Management*. EFQM kommt zwar aus der Total-

Quality-Management-Bewegung, hat sich aber inzwischen zu einem qualitäts- und kompetenzorientierten allgemeinen systemischen Steuerungsansatz entwickelt, der auf „Business-Exzellenz“ zielt.)

BSC und EFQM verlangen an vielen Punkten, dass Erfahrungen, Lektionen *(lessons learnt)*, vorbildliches Arbeiten *(best practice)*, lehrreiche Fälle *(cases)* etc. dokumentiert werden. Genau diese Dokumentationen sind das Basismaterial des Wissensmanagements, und umgekehrt gibt das Wissensmanagement mit seinen Instrumenten Hilfestellungen dazu, diese Dokumentation von wichtigen Lernerfahrungen kompetent und effizient durchzuführen.

5.1.3 Geduldige Stärkung der Wissensbasierung statt kurzfristige Lösungen

Die Stärkung der Wissensbasierung einer Organisation, die sich auf den Weg zu einer „intelligenten Organisation“ macht, beinhaltet Explikation, Dokumentation und Systematisierung des vorhandenen Wissens mit dem Zweck, relevantes neues Wissen zu erzeugen. Dabei umfasst das relevante Wissen dasjenige der Personen wie das spezifische Wissen der Organisation. Personen lernen als Mitarbeiter, Teammitglieder, Projektmitarbeiter, Kooperationspartner, Kundenbetreuer, Vorgesetzte, Fachleute etc. und speichern ihre Erfahrungen als implizites Wissen. Analog dazu kondensieren die Lernerfahrungen der Organisation in der praktischen Operationsweise ihrer Strukturen, Prozesse und Regelsysteme und in deren latenten und stillschweigenden *(tacit)* laufenden Veränderungen. Diese vorhandene Wissensbasis ist gewissermaßen ein roher Diamant, der durch Wissensmanagement geschliffen werden muss, damit er leuchtet.

Dazu genügt es offenbar nicht, einmal kurz mit einem sauberen Lappen drüberzugehen. Manche Manager stellen sich aber genau so etwas vor, wenn es um die Einführung von Wissensmanagement geht: „Man muss doch nur das in eine

Datenbank bringen, was sowieso schon da ist." Eine solche Aussage verkennt, dass bereits die Explikation von implizitem Wissen einen aufwändigen Arbeitsprozess beinhaltet. Denn erst Explikation leistet, wie erwähnt, die Klärung, Systematisierung und Einordnung, die aus diffusen Eindrücken und Ideen handhabbares und besprechbares, also reflexionsfähiges Wissen macht.

Mindestens ebenso aufwändig ist eine brauchbare Dokumentation, weil es eben nicht genügt, ein paar Daten zusammenzustellen. Vielmehr geht es darum, Lernerfahrungen für andere *lesbar,* damit nachvollziehbar und damit verstehbar zu machen. Schließlich setzt die Systematisierung des relevanten Wissens Lernfähigkeiten höherer Ordnung voraus, insbesondere eine Einschätzung dessen und Entscheidung darüber, welches Wissen, welche Expertise und welche Kernkompetenzen für eine Organisation von strategischer Bedeutung sind und welche Felder vernachlässigt werden müssen. (Die Thematik der Dokumentation wird in Abschnitt 5.3 am Fall des MikroArtikels, die Problematik der Systematisierung in Abschnitt 5.4 am Fall der Wissenslandkarte ausgeführt).

Jeder, der eine schnelle, kurzfristige Lösung des „Wissensproblems" erwartet, verkennt den entscheidenden Punkt, der Wissensmanagement in der gegenwärtigen gesellschaftlichen und ökonomischen Lage zum Thema macht. Es geht um eine Umstellung in den Grundlagen des Managements und der Steuerung von Organisationen. Dass eine solche Umstellung notwendig sei, wird natürlich von jeder Managementmode und von jeder Verkaufsstrategie der großen Beratungsfirmen behauptet. Deshalb ist eine erste Skepsis durchaus gesund und angebracht. Erst wenn plausibel gemacht werden kann, dass die infrage stehende Umstellung sich nicht auf marginale Änderungen beschränkt und sich nicht in eher kosmetischen Umdekorationen des bisherigen Repertoires von Management erschöpft – erst dann handelt es sich um ein seriöses Vorhaben.

Gegenüber vielen anderen Ansätzen des Wissensmanagements ist ein *systemisches* Wissensmanagement dadurch charakterisiert, dass es sich bemüht, Sinn und Nutzen von Wissensmanagement nicht auf die Ebene der Belehrung von Personen zu beschränken. Im Zentrum steht vielmehr eine Begründung für Wissensmanagement, welche die notwendige Kulturänderung von Organisationen aus umfassenderen Veränderungen der Gesellschaft im Allgemeinen und der Ökonomie im Besonderen herleitet.

Erst wenn auch für das Management nachvollziehbar ist, dass der Übergang von der Industriegesellschaft zur Wissensgesellschaft tatsächlich bereits unterwegs ist, und wenn insbesondere das Management von Unternehmen versteht, dass es sich bereits im Kontext einer Wissensökonomie bewegt, wird der Schritt zum Wissensmanagement als Komponente eines umfassenderen Kulturwandels plausibel und zwingend. Dann wird auch verständlich, warum kurzfristige Schnellschüsse nicht ausreichen und den Zielen des systemischen Wissensmanagements eher schaden als nutzen.

5.1.4 Entwicklung angepasster Instrumente statt Anwendung einer Toolbox

In diesen Zusammenhang gehört, dass es eine eigene, schwierige Aufgabe für Berater, interne Entwickler und alle, die eine brauchbares Wissensmanagement einführen wollen, ist, das offenbar unausrottbare Verlangen nach „Rezepten", Kochbüchern und fertigen Tools zurückzuweisen. Eine der frustrierendsten Erfahrungen, die Referenten (nicht nur ich) auf Workshops zum Wissensmanagement machen, nachdem sie ein oder zwei Tage lang ausführlich die besonderen Anforderungen eines systemischen Denkens und damit eines systemischen Ansatzes des Wissensmanagements ausgeführt haben, ist die niederschmetternde Frage von Teilnehmern: „Und welche Instrumente kann ich jetzt einsetzen?"

Zwar gebe ich diesem Verlangen in diesem Text teilweise nach und stelle in den folgenden Abschnitten einige Instrumente vor. Aber es ist ganz entscheidend, dass diese Instrumente eben nicht als Patentrezepte oder fertige Toolbox missverstanden werden. Wissen und Nichtwissen von Personen und Organisationen sind so heikle, individualistische und kontextabhängige Güter, dass jedes schematische Denken dem Sinn des Wissensmanagements zuwiderlaufen muss. Die vorgestellten Instrumente sind beispielhaft gemeint. Sie sollen dazu anregen, die je eigene Situation und Konstellation zu überdenken und darauf zugeschnittene Varianten der Instrumente zu entwickeln. Tatsächlich ist die Entwicklung und Einführung solcher Instrumente selbst bereits ein wichtiger erster Schritt in die Praxis des Wissensmanagements.

Zusätzlich gilt die Empfehlung, nicht einfach neue Instrumente einzuführen und so zu tun, als hätte die eigene Organisation bislang noch nie mit Wissen gearbeitet. Vielmehr sollte ein systemisches Wissensmanagement an bereits bestehenden Stärken der Organisation (und ihrer Komponenten wie vor allem Teams oder Projektmanagement) ansetzen und diese unter Aspekten des Wissensmanagements weiterentwickeln. Dabei kann es zu überraschenden Einsichten kommen. Manche Firmen wissen gar nicht, wo sie solche Stärken haben und an welchen Ecken der Organisation sich längst vielversprechende Ansätze entwickelt haben.

Der sehr innovative und wissensbasierte Hörgerätehersteller *Phonak AG* zum Beispiel pflegt seit langem eine Tradition, jährlich weltweit tausende von Großhändlern, Händlern und weiteren kompetenten Kunden zu Gesprächen und Seminaren einzuladen, um deren Erfahrungen, Anregungen und Expertise für seine Produkte zu nutzen. Dabei ist nie das Stichwort Wissensmanagement gefallen. Vielmehr ist einfach eine kluge Form des Wissensmanagements praktiziert worden (weitere Fälle bei Fiol 1994, p. 406 ff; Manville a. Foote 1996; Wallace 1994; Williamson 1994).

Andere Firmen und sogar Hochleistungsorganisationen *(high-reliability-organizations)* nutzen speziell die Phase der Einarbeitung und Sozialisation von Neulingen, um *bei diesem Prozess ganz bewusst ihr eigenes Wissen zu prüfen, kritisch zu betrachten und zu revidieren.* Sie nutzen diese wiederkehrenden Gelegenheiten, um sich selbst, ihre Strukturen, Prozesse und Spielregeln aus der Sicht von Neulingen zu betrachten und daraus Schlussfolgerungen für Verbesserungen zu ziehen (als Fallstudie zu Elektronikfirmen siehe Gundry a. Rousseau 1994).

Damit machen sie einen Prozess, der für die meisten Organisationen nur eine lästige Pflichtübung darstellt, die sowohl der Organisation wie auch den Neuankömmlingen hauptsächlich Ärger bereitet und die für beide Seiten unbefriedigend ist, zu einer dramatischen Lernerfahrung für beide Seiten. Wenn dies für so prekäre Hochleistungsorganisationen wie Flughafen-Tower oder Flugzeugträger gilt (LaPorte a. Consolini 1991; Weick a. Roberts 1993), dann sollten sich auch andere Organisationen den Nutzen eines solchen Vorgehens gut überlegen.

Wieder andere Firmen übernehmen ganz bewusst ein bewährtes Instrument und passen es der eigenen Konstellation an (eine ausführliche Studie zur Übertragung der Idee der *communities of practice* in der Form von Tech Clubs von *Chrysler* auf die Pkw-Entwicklung von *Mercedes-Benz* bietet Wolf 2003). Ganze Bündel von bewährten Instrumenten der unterschiedlichsten Art lassen sich unter den Gesichtspunkten des systemischen Wissensmanagements neu aufstellen, nutzen und weiterentwickeln (Roehl 2000). Im Grunde sind der Fantasie keine Grenzen gesetzt, solange sich die Anwender darüber klar sind, dass es auf kontextspezifische Anpassung ankommt, es dagegen der Grundidee von Wissensmanagement widerspricht, solche Instrumente als Patentrezepte zu verstehen.

5.2 Der Wissensbaum als Instrument

Ordnet man die Instrumente des Wissensmanagements in einer groben Schematisierung nach *Top-down*-Instrumenten, *Bottom-up*-Instrumenten und verknüpfenden (generischen) Instrumenten, dann gehört der Wissensbaum klar zur zweiten Gruppe der *Bottom-up*-Instrumente (siehe den Überblick in Abb. 4).

Kernkompetenzen Kompetenzportfolios etc.	*top-down* **Wissenslandkarte**	Intranet Scenarios Systemsimulation etc.
cases *learning histories* Projektberichte etc.	*generisch* **MikroArt**	Lernlabs *future labs* PM-System etc.
gelbe Seiten Checklisten etc.	*bottom-up* **Wissensbaum**	Intranet Mikrowelten etc.

Abb. 4: Instrumente des Wissensmanagements (nach Roehl 2000)

Der Wissensbaum stellt die Kompetenzen einer Person in der *Metapher* des Baumes dar:

- *Wurzeln:* Was sind die Wurzeln meiner professionellen Kompetenzen? Die Betonung liegt auf professionell/beruflich. Damit ist klargestellt, dass nicht die gesamte psychische Ausstattung einer Person zur Debatte steht, sondern nur und ausschließlich der Aspekt der (Wissens-)Arbeit. Oft fällt es in der Praxis Personen schwer, zwischen privaten und beruflichen Aspekten ihrer Wurzeln zu unterscheiden. Hier helfen Beispiele und Fälle. Beispiel: War jemand als Jugendlicher längere Zeit im Ausland, so hat dies nur private Relevanz, wenn es im Wesentlichen ein verlängerter Badeurlaub war, ansonsten sich aber nicht viel getan hat. Ist jemand aber in dieser Zeit in einen vertieften Kontakt mit einer anderen Kultur, Sprache und Lebensweise gekommen und hat ihn das in seinen beruflichen Einstellungen und Fähigkeiten geprägt, dann gehört diese Erfahrung zu den professionellen Wurzeln. Ähnlich wäre es bei den Themen Leistungssport, Familienkontext, Rolle der Eltern etc.

- *Stamm*: Der Stamm des Baumes repräsentiert die *Kernkompetenzen* einer Person. Man sollte meinen, dass Begriff und Konzept der Kernkompetenzen inzwischen im Management-Vokabular angekommen und Allgemeingut sind. Aber dies ist, wie die praktische Erfahrung zeigt, keineswegs der Fall. Deshalb Vorsicht an dieser Stelle! Wer das Instrument des Wissensbaumes einsetzt, muss sich vergewissern, dass klar ist, was unter Kernkompetenzen zu verstehen ist. Nach der anspruchsvollen Definition von James Quinn (1992, p. 32) bezeichnet die Kernkompetenz einer Firma einen langfristigen Wettbewerbsvorteil von höchster Qualität: „Jede Firma sollte ihre strategischen Investitionen und die Aufmerksamkeit ihres Managements auf solche Kernkompetenzen – in der Regel intellektuelle Kompetenzen oder Dienstleistungsfähigkeiten – fokussieren, in denen sie ‚Weltklassestatus' erreichen und erhalten kann, das heißt, einen signifikanten langfristigen Wettbewerbsvorteil" (Übersetzung: H. W.).

Bezieht man dies auf Personen, dann bezeichnen Kernkompetenzen berufliche Fertigkeiten und Spezialisierungen, die einer Person eine deutlich überdurchschnittliche Professionalität in ihrem Fach verleihen. Das ist ein ziemlich hartes Kriterium, und es wird daher Situation geben, in denen es sinnvoll erscheint, die Maßstäbe für Kernkompetenzen abzuschwächen und schlicht auf allgemeine professionelle Fähigkeiten umzustellen. Da es beim systemischen Wissensmanagement immer auch um die

Seite des Nichtwissens geht, sollte allerdings immer dann, wenn eine entsprechende Vertrauensbasis bereits geschaffen ist, das Thema fehlender oder nicht hinreichend ausgebildeter Kernkompetenzen zur Sprache kommen.

Andererseits sind Kernkompetenzen durchaus vorhanden, wenn man genau hinschaut. Um ein praktisches Beispiel zu geben: Eine erfahrene systemische Beraterin beschreibt ihre Kernkompetenzen in folgender Weise: „Systemische Beratung in komplexen Veränderungsprozessen in internationalen Unternehmen; Integration von Prozess- und Fachberatung; wissenschaftliches Arbeiten und Publikationen."

- *Blätterwerk*: Das Blätterwerk beschreibt die ganz persönliche spezifische Ausgestaltung und Ausfaltung der Kernkompetenzen einer Person. Angenommen, eine Controllerin beschreibt ihre Kernkompetenz als „strategisches Projekt-Controlling", dann könnten ihre persönlichen Ausfaltungen dieser Kernkompetenz in weiteren Merkmalen bestehen, etwa: „Strategisches Controlling von Projektlandschaften und Projektclustern, Controlling von Multiprojektmanagement auf strategische Ausrichtung, wissensbasierte Weiterentwicklung des Projektmanagementsystems unter Controllingaspekten."

Auch hinsichtlich dieses Kriteriums zeigt die praktische Erfahrung, dass vielen Personen die Unterscheidung zwischen Stamm und Blätterwerk, zwischen Kernkompetenzen und Ausfaltungen der Kernkompetenzen schwer fällt. Häufig hilft dann folgendes Bild (angelehnt an das gerade genannte Beispiel der Controllerin): „Stellen Sie sich drei oder vier Controllerinnen mit etwa derselben Kernkompetenz vor. Was unterscheidet dann die Personen im Detail hinsichtlich ihrer professionellen Expertise?" Die Unterschiede beschreiben die individuellen Ausprägungen der Kernkompetenz(en).

Als Bild oder als Metapher lässt sich der Wissensbaum etwa wie in Abbildung 5 darstellen.

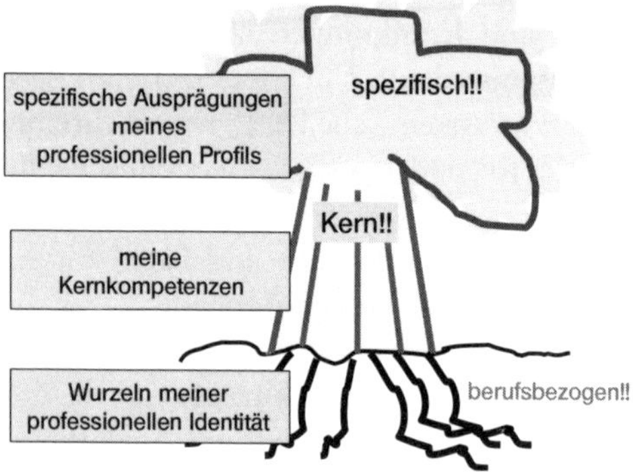

Abb. 5: Wissensbaum der Person

Wie sieht nun die praktische Arbeit mit dem Wissensbaum aus? Nehmen wir an, ein Abteilungsleiter oder eine Projektleiterin nehmen sich auf einer Abteilungssitzung bzw. Projektteamsitzung zwei Stunden Zeit und bitten alle Mitarbeiter, einen Wissensbaum zu fertigen. Sie stellen das Instrument sorgfältig vor und erläutern die Unterschiede zwischen Wurzeln, Stamm und Blätterwerk. Sie geben auch eher vage Hinweise auf den Sinn und Zweck der Übung („Wir wollen mal sehen, was so alles da ist"), und dann geht es los. Was geschieht nun, und welche Fragen tauchen auf?

Die erste Frage bzw. Reaktion ist häufig: „Warum machen wir das? Wir wissen doch, was wir können." Als Abteilungsleiter oder als Projektleiterin sollten Sie froh sein, wenn diese Reaktion kommt. Denn sie gibt Ihnen Gelegenheit, die vielen Nutzen und Stärken der *Explizierung* von latent oder implizit vorhandenem Wissen zu erklären. Tatsächlich ist es genau die Frage, ob „wir wissen, was wir können". Natürlich haben alle irgendwelche

Vorstellungen davon, was sie selbst und die andern können, welche professionellen Qualitäten sie haben oder nicht haben. Aber es ergibt sich ein höchst aufschlussreich anderes und kontrastreiches Bild, wenn diese Vorstellungen mit den explizierten und dokumentierten Bildern verglichen werden.

Eine zweite Frage schließt sich in aller Regel gleich an: „Jeder kann doch angeben, was er will, und sich besonders positiv darstellen. Wie können wir wissen, ob das alles stimmt?" Diese schöne Frage könnte Sie zu ein paar grundsätzlichen Ausführungen über Konstruktivismus als Erkenntnismodus verleiten, aber das sollten Sie vielleicht eher lassen. Vielmehr genügt es vorzuschlagen, dass es zunächst gar nicht darauf ankommt, ob die Bilder stimmen oder nicht. Stattdessen ist entscheidend, was die Bilder aus der Sicht der Autoren ausdrücken sollen und was andere Personen damit anfangen können. Es könnte z. B. für das Team oder die Abteilung wichtig sein zu sehen, dass eine Person sich selbst als besonders kompetent einschätzt und darstellt, aber von den anderen so gar nicht gesehen wird – ein ausgezeichneter Ansatzpunkt für Reflexion und Selbstverständigung im relevanten sozialen System.

Eine dritte Frage gehört ebenfalls zum Standardrepertoire: „Lenke ich mit einem gewissenhaft verfertigten Wissensbaum nicht die Aufmerksamkeit meiner Mitarbeiter, Vorgesetzten, Kooperationspartner etc. auf meine Schwächen anstatt auf meine Stärken?" Diese Frage ist insbesondere dann zu erwarten, wenn Personen sich damit schwer tun, ihre Kernkompetenzen zu beschreiben und/oder wenn im Team (in der Abteilung, Gruppe etc.) ausgeprägte Konkurrenz herrscht (Vopel 1999, S. 293 ff.).

Hier heißt es, eine klare Linie durchzuhalten. Tatsächlich wird in der Wissensgesellschaft, der Wissensökonomie und in wissensintensiven Organisationen die Toleranz gegenüber Inkompetenz und Ignoranz geringer. Dieses „Upgrading" der Erwartungen und der Ansprüche an Kompetenz sollte offen besprochen werden, bevor es zu unkontrollierbaren Verwerfungen kommt. Dies heißt auch, dass es Bestandteil von Führungskompetenz wird, mit Personen umzugehen, die unzureichende Grade von Kompetenz und Wissen aufweisen. Zugleich gilt, dass Wissen immer mit Nichtwissen zusammenspielt und daher *jeder* und *jede*, auch sehr kompetente Personen, Felder des Nichtwissens aufweisen. Im Ergebnis bedeutet dies, dass die Problematik der Schwächen und des fehlenden Wissens in das Thema des Lernens und der Personalentwicklung münden muss, so wie auf der Ebene der Organisation die Feststellung fehlender Kernkompetenzen das Thema der Organisationsentwicklung und des organisationalen Lernens aufruft.

Besonders geeignet ist der Wissensbaum auch für das Recruiting im Allgemeinen und Einstellungsgespräche im Besonderen. Recruiting als der Prozess der Gewinnung von kompetenten und passenden Mitarbeitern und Mitarbeiterinnen hat immer schon eine große, von vielen Organisationen grob unterschätzte Bedeutung als Teil des HRM:

> *„Will man statt eines Maschinenparks intellektuelle Fähigkeiten aktivieren, dann sind hervorragende Auswahl, Training, Eingewöhnung, Netzwerkbildung, Datensammlungen, Flexibilität, Schnelligkeit und Motivationssysteme – und nicht steigende Investitionen – die Schlüssel zum Erfolg“* (Quinn 1992, p. 73 f.; Übersetzung: H. W.).

Für wissensintensive Organisationen wird Recruiting (einschließlich Talentsuche, Scouting) noch wichtiger, weil es für erfolgreiche Wissensarbeit immer weniger auf Schul- und Universitätswissen ankommt, stattdessen immer mehr auf generische „weiche“ Fähigkeiten wie soziale Kompetenzen, Lernfähigkeiten höherer Ordnung, Kreativität, interkulturelle Anpassungsfähigkeit, Kooperationsfähigkeit, Schnelligkeit, Leistungsbereitschaft etc. „Intelligente Unternehmen wählen ihr Personal nicht nach dem Wissensstand, sondern nach der Lernfähigkeit des einzelnen aus, und sie be- und entlohnen ihn entsprechend" (McGill u. Slocum 1996, S. 12).

Soll nun eine neue Mitarbeiterin etwa für eine Abteilung gewonnen werden, dann kann es sehr aufschlussreich sein, wenn die Bewerber gebeten werden, für sich selbst einen Wissensbaum zu beschreiben, und wenn sie im Abteilungsraum die Wissensbäume der aktuellen Mitglieder der Abteilung hängen sehen. Das Vorstellungsgespräch wird klarer, fokussierter, stringenter und kommt schneller auf den Punkt. Die wechselseitigen Erwartungen können durchsichtiger formuliert und besprochen werden. Passung und Nichtpassung stellen sich für alle Beteiligten nachvollziehbarer und rationaler dar.

Vor allem aber wird sich die Abteilung in diesem Prozess, wie bereits am Fall der Hochleistungsorganisationen erwähnt, immer wieder darüber klar, wofür sie steht und welche Kompetenzen sie braucht und sucht. Diese Selbstthematisierung der eigenen Identität und die kontinuierliche Reflexion des gegebenen und des erforderlichen Kompetenzportfolios entwickelt ganz nebenbei die reflexive und reflektierte Lernfähigkeit der Abteilung und bewahrt sie davor, sich selbstzufrieden zurückzulehnen. Kein geringer Nutzen!

5.3 Der MikroArtikel als Instrument

10.6.05

Ich habe das Instrument des MikroArtikels unter dem Namen *MikroArt* etwa 1996 aus der Praxis des Wissensmanagements heraus entwickelt. Eine erste Beschreibung des Instrumentes findet sich bei Willke (1998, Abschnitt 3.4). Der Ausdruck „MikroArt" steht nicht für eine Richtung oder ein Objekt der Kunst, aber er hat mit Kunst viel zu tun. Es handelt sich um eine Abkürzung für „MikroArtikel". Die Arbeit mit MikroArtikeln stellt ein einfaches und zugleich frappierend anspruchsvolles Instrument dar, welches die kritische Verbindung zwischen personalem und organisationalem Wissen, zwischen dem Lernen von Personen und dem Lernen von sozialen Systemen leistet, wenn es konsequent angewendet wird. Mehreren Firmen nutzen inzwischen das Instrument in der praktischen Wissensarbeit.

Der Name des Instruments ist bewusst gewählt, er soll die Analogie zu einem (wissenschaftlichen oder journalistischen) Zeitschriftenartikel hervorheben. Nahezu alle Wissensarbeiter haben zumindest erste Erfahrungen im Schreiben von Artikeln – und seien dies nur die Hausarbeiten und die Diplomarbeit ihrer professionellen Ausbildung. Sie wissen also, dass es in einem Artikel um eine basale Routine des Wissensmanagements geht, nämlich darum, eine (normalerweise) individuelle Lernerfahrung, Erkenntnis, Idee, Expertise, Überlegung, Reflexion etc. in eine bestimmte Form zu bringen. Diese Form hat folgende Merkmale:

- Der Autor (die Autorin) muss eine Lernerfahrung machen, eine Idee haben, eine Konzeption entwerfen, eine Einsicht haben etc., also Wissen *generieren*. Dass manche Autoren Artikel schreiben, auch wenn sie keine Idee haben, steht dem nicht entgegen.
- Der Autor muss sich selbst seine Expertise so klar machen (im Sinne von: vor Augen führen, vergegenständlichen, vorstellen), d. h. *explizieren*, dass er sie schriftlich formulieren kann.
- Er muss sein Wissen so auszudrücken, dass andere das Geschriebene *lesen* können, das heißt nachvollziehen und verstehen können. Der Artikel ist auf ein Verhältnis von Autor/Leser ausgerichtet.
- Er muss seinen Artikel öffentlich machen, d. h. *publizieren*, ihn also einem interessierten Publikum zugänglich machen.
- Der Erfolg des Artikels bemisst sich daran, von welchen und von wie vielen Personen er gelesen und *genutzt* wird (die übliche Zählweise dafür sind Zitationen).

- Ein geschriebener, publizierter und gelesener Artikel steht nicht allein, sondern ist Element eines kontinuierlichen Prozesses der Umwälzung und *Revision* von Wissen, weil seine Nutzung Anlass zu Übernahme in andere Kontexte, Kritik, Erweiterungen, Nachfragen und neuen Anregungen gibt.

Die Grundform des MikroArtikels ist denkbar einfach (siehe Abb. 6):

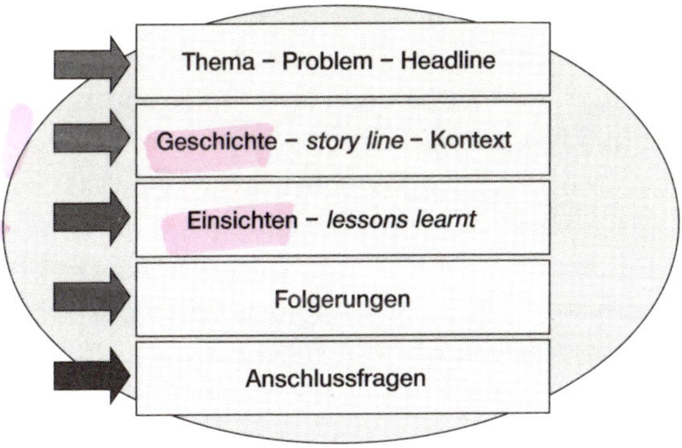

Abb. 6: Basisdesign MikroArt

Entscheidend für die Qualität eines MikroArtikels sind die Schritte zwei und drei, also das Erzählen einer Geschichte und die Formulierung einer Einsicht.

1) *Erzählen einer Geschichte:* Der MikroArtikel lässt sich als der komprimierte Kern einer Fallstudie verstehen. Ein Fall besteht aus einer Geschichte, die erzählt werden muss, damit andere den Fall verstehen können. Die erzählte Geschichte ist das Medium, durch welches Leser in die Welt der dargestellten Praxis hineingezogen werden. Bei großen, langen und ausführlichen Ge-

schichten, wie Märchen, Romanen, Filmepen, Opern etc., ist dies Alltagspraxis und leicht zu sehen. Wir alle lassen uns schnell in fremde Erfahrungskontexte hineinversetzen, wenn dazu eine plausible (verstehbare) Geschichte erzählt wird.

Verstehbar ist für Leser eine Geschichte dann, wenn sie *mit ihren eigenen Erfahrungen an den Erfahrungskontext der erzählten Geschichte anknüpfen können.* Dazu gehört vor allem, dass die emotionalen Qualitäten eines konkreten Erfahrungskontextes zum Ausdruck kommen und Anknüpfungspunkte für das Einklinken der eigenen Erfahrungen von Lesern bieten.

Die großen Märchen und Dramen der Weltliteratur sind universal verständlich, weil sie die großen Emotionen der Conditio humana darstellen – Liebe und Hass, Opfer und Leidenschaft, Großmut und Feigheit, Geburt und Tod – und Erfahrungen beschreiben, die den meisten Menschen nicht fremd sind und in die sie sich deshalb mit eigenen Erfahrungen einfühlen können.

Wie grandios und schnell dies funktioniert, zeigt sich beispielhaft, wenn Kinder Märchen lesen oder erzählt bekommen. Unversehens sitzen sie mit hochrotem Kopf da und „leben“ in der Geschichte. Aber auch Erwachsene haben das (oft verborgene) Talent dazu, sich schnell in fremde Welten und Praxiszusammenhänge einzufühlen und einzudenken. Ein frappierendes Beispiel dafür sind Rollenspiele als Interventionsform bei Beratungsprozessen. Obwohl sich die meisten Manager zunächst mit Händen und Füßen gegen „etwas so Kindisches“ wie Rollenspiele wehren, werden sie, sobald sie sich dann doch darauf eingelassen haben, zu begabten Schauspielern, die fremde Rollen und deren Welt mit höchster Akribie, Beobachtungsgenauigkeit und oft auch mit einer guten Portion Humor darstellen können.

Erst wenn eine Geschichte in Zahlen, Texten, Zeichnungen, Bildern, Metaphern oder multimedial dargestellt ist, kann sie publiziert und einer Öffentlichkeit zugänglich gemacht werden. Diese Öffentlichkeit ist im Fall des Wissensmanagements in aller Regel eine mehr oder weniger eingegrenzte Fachöffentlichkeit innerhalb derselben Organisation, weil es sich zunächst um proprietäres Wissen der Organisation (und ihrer Mitglieder) handelt. Mit der Ausrichtung auf Publikation in diesem Sinne unterwerfen sich erzählte Geschichten den Zwängen einer Autor-Leser-Beziehung.

Das heißt, die Autoren müssen sich auf ein Publikum einstellen, das sie mehr oder weniger genau kennen. Sie müssen ihre Darstellungen, Begriffe, Konzepte, Modelle, Anspielungen, Metaphern, Beispiele, Hinweise etc. so wählen, dass sie ihre potenziellen Leser optimal erreichen.

Erst eine erzählte Geschichte hebt den MikroArtikel über die Ebene der Daten und Informationen hinaus und bietet die Anschlussstellen für Praxis – und damit die Anschlussstellen dafür, dass Leser das in der Geschichte explizierte Wissen mit ihren eigenen Erfahrungen verbinden können. Diese Verbindung oder Verknüpfung ist die Operation, mit der Leser aus den Daten und Informationen des MikroArtikels eigenes Wissen aufbauen. Erst eine gelingende Verknüpfung fremder und eigener Erfahrungen konstituiert den *Wissenstransfer*, um den es geht.

Noch einmal: Das Dokumentieren einer Geschichte ist schwieriger, als man denkt. Man sollte alle Hilfsmittel der Sprache und der medialen Darstellung nutzen, deren man habhaft werden kann. Eine schöne Übersicht über rein sprachliche Mittel der Darstellung bietet Abbildung 7.

2) *Formulierung einer Einsicht:* Die Einsicht als Schritt drei des MikroArtikels (nach Thema und Geschichte) präsentiert die Geschichte hinter der Geschichte, die „Moral von der Geschicht", den Sinn der Geschichte, ihre Lektion *(lesson learnt)*. Bei diesem Schritt geht es also gerade noch nicht um die einzelnen und detaillierten Folgerungen, die man möglicherweise aus der Geschichte ableiten kann.

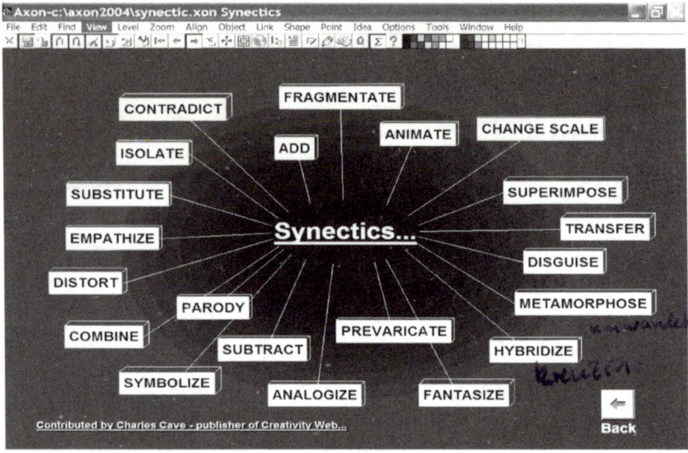

Abb. 7: Sprachliche Mittel der Darstellung

Viele Manager haben (als Teil ihrer professionellen Deformation) gelernt, Probleme und Geschichten sofort in Folgerungen umzusetzen, und häufig sprudeln sie schon Folgerungen heraus, bevor sie überhaupt das Problem aufgenommen oder die Geschichte zu Ende gehört haben.

Einsicht meint etwas anderes. Ihre Formulierung verlangt, dass der Erzähler oder Fallbringer einen Schritt zurücktritt und versucht, die Geschichte insgesamt, in ihrer Gesamtheit oder in ihrer Gestalt, in Augenschein zu nehmen und die Frage zu beantworten: Was sagt mir diese Geschichte? Nicht einzelne, „digital“ zerhackte Folgerungen sind hier gefragt, sondern eine „analoge“ Betrachtung, die darauf zielt, dem Kern des Ganzen auf den Grund zu gehen.

Es ist außerordentlich wichtig, zu begreifen, dass es *nicht* darum geht, professionelle Wissensarbeiter in Unternehmen und anderen Organisationen zu Wissenschaftlern zu machen, die mit großem Zeitaufwand „der Sache auf den Grund gehen“.

Deshalb ist die Normalform eines Fachartikels für diese Personen ungeeignet. Alle Wissensarbeiter lesen mehr oder weniger häufig Fachartikel, aber den meisten fällt es äußerst schwer, zusätzlich zur sowieso schon überlastenden Berufspraxis auch noch selbst regelmäßig Artikel zu schreiben.

Es kommt also darauf an, zugleich deutlich zu machen, dass den Praktikern nicht das Schreiben „normaler" Artikel zugemutet werden soll. Ganz im Gegenteil besteht der Zweck eines MikroArtikels darin, die Nutzen eines üblichen Artikels in einer neuen, der Praxis der Wissensarbeit kongenialen Form zu komprimieren, in einem radikal verkleinerten Artikel, *Mikro*Artikel eben, der nur noch den Kern relevanter Expertise und den Kern einer daraus abgeleiteten Einsicht enthält.

Das Interessanteste passiert nun, nachdem eine Einsicht formuliert worden ist. Sobald sich ein Team, eine Projektgruppe, eine Abteilung etc. zusammensetzt und anfängt, über relevante Fälle anhand von MikroArtikeln zu diskutieren, zeigt sich, dass verschiedene Personen selbst als Mitglieder desselben Teams Geschichten, Einsichten und auch noch die Verbindungen zwischen Geschichten und Einsichten ganz unterschiedlich sehen und interpretieren. Bei solchen Situationen kann man *live* miterleben, was Konstruktivismus heißt. Diese unterschiedlichen Interpretationen sind nicht schädlich, sondern ganz im Gegenteil *kommt es auf diese unterschiedlichen Sichtweisen an, aus denen multiples Lernen generiert wird.*

Multiples Lernen mit dem Instrument des MikroArtikels heißt, dass ein Artikel und seine Geschichte mehrfach und immer wieder genutzt werden können – wie eine Fallstudie –, um daraus immer wieder neue Einsichten zu generieren. Weder eine Geschichte noch eine Einsicht stehen also ein für alle Mal fest, sondern sie verändern sich je nach Perspektive, Kontext, Hintergrundwissen, neuen Erfahrungen etc. (Auch aus diesem Grund können die alten Mythen, Dramen und Stücke der Weltliteratur immer wieder neu interpretiert, choreografiert und gespielt werden.) Einmal erarbeitete MikroArtikel werfen also eine kontinuierliche Wissensrendite ab, wenn sie entsprechend genutzt werden.

Die Abbildungen 8 und 9 zeigen beispielhaft zwei einfache MikroArtikel.

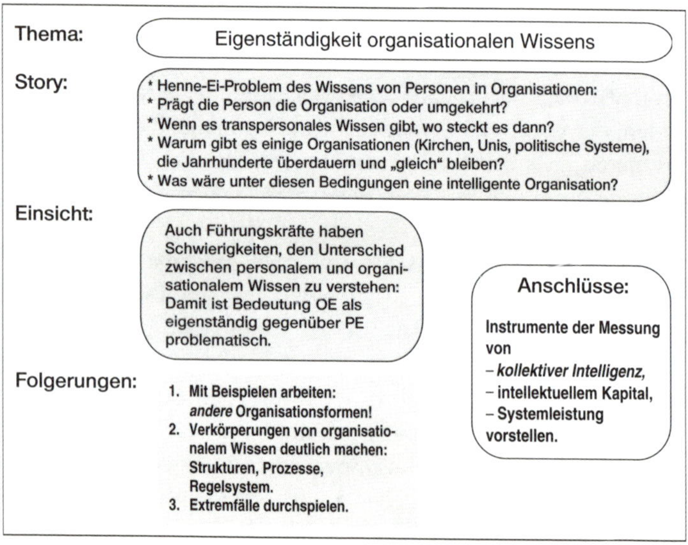

Abb. 8

Für die praktische Arbeit mit dem Instrument des MikroArtikels sind drei Aspekte von besonderer Bedeutung:

- Der Einführung des Instrumentes MikroArtikel stehen gewichtige Hindernisse entgegen.
- Produktion und Nutzung von MikroArtikeln bringen eine mehrfache Wissensrendite für Personen und Organisationen.

Die Kosten-Nutzen-Struktur der Arbeit mit MikroArtikeln hängt von der Wissenskultur einer Organisation ab.

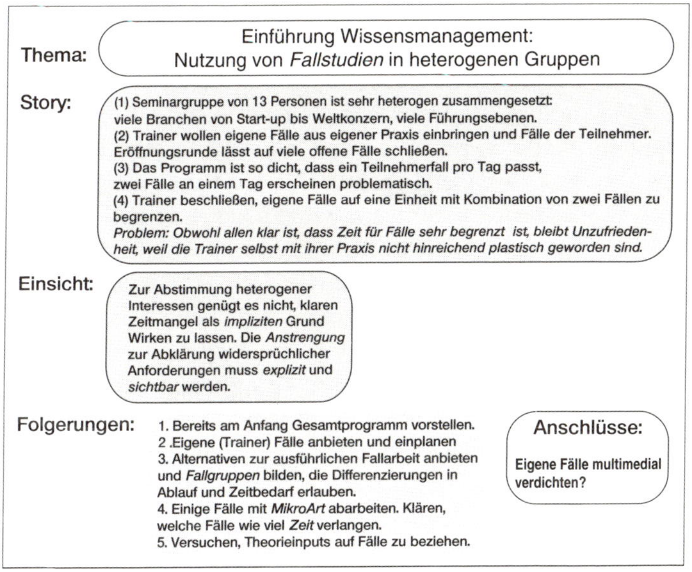

Abb. 9

1) Wie jedes Instrument des systemischen Wissensmanagements verlangt der MikroArtikel eine Anfangsinvestition, die selbst für Wissensarbeiter und selbst in wissensintensiven Organisationen alles andere als selbstverständlich ist. Die Praxis zeigt, dass die Idee des MikroArtikels erstaunlich attraktiv für Wissensarbeiter ist, vor allem, weil sie normalerweise klar den Sinn und die Notwendigkeit sehen – und oft schon lange zuvor gesehen haben –, dass sie ihre in der täglichen Arbeit anfallenden Lernerfahrungen routinisiert, diszipliniert und regelmäßig schriftlich festhalten. *Aber sie tun es nicht.* Trotz besseren Wissens (!) verschmähen sie gesunde Kost und stopfen weiter das Junk-Food impliziter, unsystematischer und unreflektierter Erfahrungen in sich hinein.

Dafür gibt es eine Vielzahl von guten Gründen, die alle darauf hinauslaufen, dass die Zeit für das Schreiben von MikroArtikeln fehlt. Wissensarbeiter leben deshalb mit einem habitualisierten schlechten Gewissen, weil sie das nicht tun, was sie im eigenen Interesse eigentlich tun sollten. Bei vielen ist dies übrigens die Fortsetzung ihres studentischen Daseins, in dessen Verlauf sie ebenfalls in aller Regel über keine brauchbaren Arbeitstechniken verfügt und daher suboptimal gelernt und das Gelernte noch suboptimaler dokumentiert und nutzbar gehalten haben.

Deshalb erscheint ein Instrument hilfreich, das pro Woche oder nach einem Projektabschnitt, in Auswertung eines Workshops, eines Kundenkontaktes oder einer Beschwerde, nach der Lektüre eines wichtigen Textes oder nach irgendeinem anderen Aha-Erlebnis (nach einer gewissen Gewöhnung und Routine) nur etwa eine halbe Stunde Zeit verlangt. Aber man darf sich nicht täuschen. In den meisten Fällen erlahmt die erforderliche Selbstdisziplin schon nach wenigen Versuchen, weil überzeugende Ausreden zuhauf verfügbar sind.

Eine der häufigeren Ausreden ist: „Warum sollte ich mir die Mühe machen? Ich leiste vor und bekomme nichts dafür." Auf diese Ausrede gibt es eine gestufte Antwort.

a) Tatsächlich lohnt sich das Schreiben von MikroArtikeln für Wissensarbeiter ganz persönlich und bereits ohne jeglichen Austausch dadurch, dass sie sich über ihr Wissen durch Explikation klar werden, es systematisieren, verknüpfen und dokumentieren und so ihre persönliche Wissensbasis in greifbarer und lesbarer Form aufbauen. Wenn dies bislang vielen Fachleuten, Spezialisten, Professionellen, Experten etc. als ein nicht unbedingt erforderlicher Luxus erschien, so verändert sich doch die Lage mit zunehmender Wissensbasierung von Organisationen und im Zuge der Entwicklung der Wissensökonomie deutlich. Konkurrenzdruck und Anspruchsniveau nehmen zu. „Normale" Qualifikationen sind selbstverständlich, selbst wenn sie ein abgeschlossenes Studium einschließen, und bilden nur die Basis für Zusatzqualifikationen, die immer ungenierter verlangt werden. Eine

Professionalisierung der eigenen Wissensarbeit und der eigenen Wissensbasierung scheint daher keine schlechte Idee zu sein.

b) Eine zweite Dimension von Nutzen eröffnet sich, wenn sich *communities of practice* (welcher Art auch immer: Team, Projekt, die verteilten Spezialisten eines Konzerns etc.) auf der Basis von vorliegenden MikroArtikeln über fachliche Themen auseinander setzen. Dazu können die üblichen und ohnehin stattfindenden Regelkommunikationen, Besprechungen, Teamsitzungen, Bereichsentwicklungstage, Personalentwicklungs- und Organisationsentwicklungstermine etc. genutzt werden. Werden Diskussion, Reflexion und Lernen durch vorliegende MikroArtikel systematisiert und auf relevante Themen hin ausgerichtet, dann erschließt sich der persönliche und der systemische Nutzen dieser Art des Wissensaustausches sehr schnell.

Nicht selten lernen dabei die Autoren der MikroArtikel am meisten, weil sie von anderen Perspektiven, Interpretationen oder Einsichten überrascht werden und dies in Revisionen, Präzisierungen und Differenzierungen ihres abgeleiteten Wissens umsetzen können.

c) In einer dritten Dimension erwirtschaftet der MikroArtikel eine vorzeigbare und berechenbare Wissensrendite. Angenommen, fünf Mitglieder eines räumlich verteilten Teams oder einer *community of practice* schreiben pro Monat einen MikroArtikel und sie treffen sich einmal pro Quartal einen Tag lang für eine Teamentwicklung auf der Basis der geschriebenen Artikel. Es liegen dann fünfzehn Artikel vor, zwölf mehr, als jeder Einzelne verfasst hat. Ist auch nur die Hälfte dieser zusätzlichen Artikel instruktiv, dann erhält jeder Autor und jede Autorin einen „Reingewinn" von sechs Artikeln, also eine Wissensrendite von 200 %. Mit zunehmender Kompetenz der Autoren und verbesserter Fokussierung der Artikel wächst die Rendite sogar noch deutlich.

d) Hinzu kommt, viertens, schließlich, dass sich der Nutzen der MikroArtikel nicht in einem einmaligen Gebrauch erschöpft. Wie bereits erwähnt, können Artikel wie Fallstudien immer wieder behandelt und unter neuen Gesichtspunkten ausgewertet werden, sodass sie im Prinzip – wie andere gute Fallstudien auch – ein Perpetuum mobile der Wissensgenerierung darstellen. Dies gilt besonders dann, wenn MikroArtikel thematisch geordnet, auf bestimmte Problemfelder, Instrumente, Methoden, Geschäftsprozesse etc. bezogen werden und schließlich in einer systematischen Fallsammlung zusammen gefasst werden. (Siehe zur Veranschaulichung Abb. 10.)

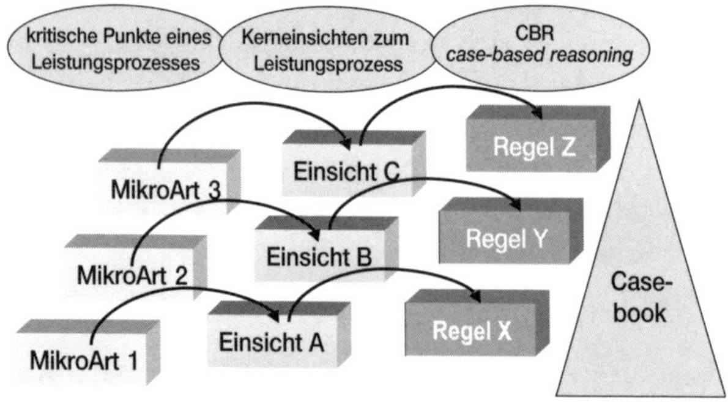

Abb. 10: Vom MikroArtikel zum Case-Book

Besonders empfehlenswert ist es, strategische Geschäftsprozesse und systemisch relevante Instrumente (wie etwa ein Projektmanagementsystem oder die BSC) an kritischen Punkten mit MikroArtikeln zu hinterlegen. So lassen sich die in den entsprechenden Feldern gemachten Erfahrungen direkt an grafischen, elektronischen oder sonstigen Darstellungen des Prozesses oder des Instrumentes abgreifen. Sollen Neulinge in Geschäftsprozesse eingewiesen oder für die Anwendung von Instrumenten geschult werden, dann ersparen solche Darstellungen und Hinterlegungen in erheblichem Maße Zeit und Kosten. (Siehe als Beispiel Abb. 11.)

Erstaunlich ist dabei ja nicht, dass solche Dinge gemacht werden, sondern dass sie, obwohl technisch ohne großen Aufwand möglich, in aller Regel *nicht* gemacht werden. Offenbar bringt eine merkwürdige Rationalität soziale Systeme und ihre Subsysteme dazu, trotz der offensichtlichen Verschwendung das

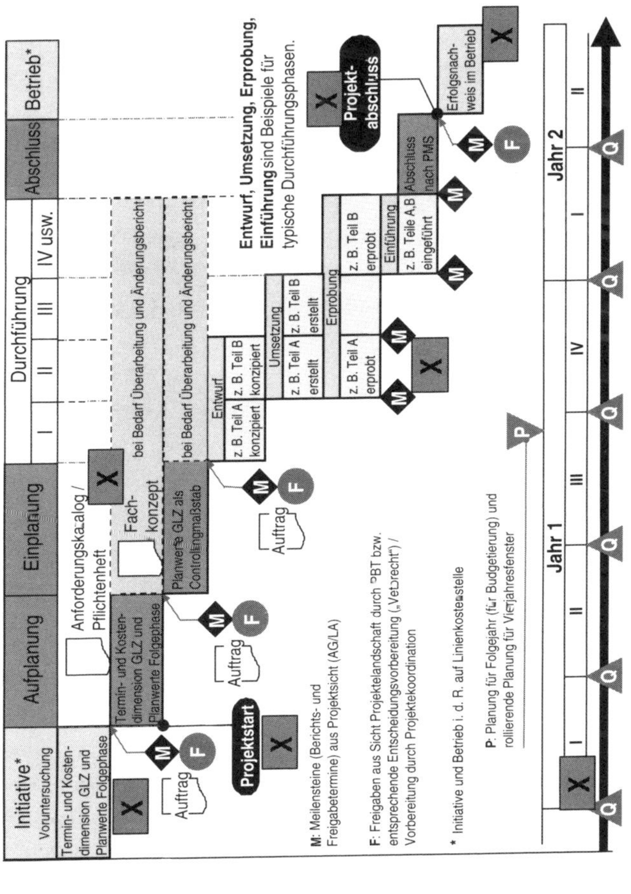

Abb. 11: Elektronische Darstellung eines Projektmanagementsystems mit markierten kritischen Stellen, die mit MikroArtikel hinterlegt sind (X)

Rad immer wieder neu zu erfinden, immer wieder etwa mit der Einübung von Projektmanagement neu anzufangen und die Lektionen des letzten Durchganges zu vergessen, immer wieder die gleichen Fehler zu wiederholen, Umwege wieder zu gehen und mit großem Durchhaltevermögen immer wieder gegen die Wand zu laufen.

2) Die Kosten und Nutzen, Vorteile und Nachteile der Arbeit mit dem Instrument des MikroArtikels sind, wie bei jedem Instrument, nicht überall gleich, sondern kontextabhängig. Als Instrument des systemischen Wissensmanagements ist die Kosten-Nutzen-Struktur des MikroArtikels vor allem von der Wissenskultur einer Organisation abhängig. Entscheidend ist daher die organisationale Unterstützung und Einbettung der Arbeit mit MikroArtikeln. Tatsächlich entfalten sie ihren systemischen Wert erst dann, wenn sie zum Bestandteil des Wissensmanagements einer Organisation werden.

Es ist wesentlich, dass ein Austausch in Form des wechselseitigen Lesens, Nutzens und Kommentierens der eingegebenen MikroArtikel in Gang kommt. In diesem *Austausch* liegt einerseits der eigentliche Sinn des Publizierens von MikroArtikeln, andererseits aber zugleich der intrinsische Anreiz für jeden einzelnen Autor und Wissensträger, zu diesem Austausch beizutragen. Offensichtlich habe ich bessere Gründe, zur Wissensbasis der Organisation beizutragen, wenn ich die Erfahrung mache, dass die Expertise der anderen Autoren für mich hilfreich ist. Noch bessere Gründe habe ich, wenn meine eigenen Beiträge zu gewichtigen Faktoren meines Prestiges und meiner Reputation innerhalb des Teams oder innerhalb der Organisation werden.

Der MikroArtikel ist ein geeignetes Instrument, das seine Wirksamkeit entfaltet, wenn Wissensarbeiter über Expertise verfügen und laufend neue Lernerfahrungen machen, die für viele andere Wissensarbeiter potenziell nützlich sind. Dies gilt insbesondere auch für das jedes Wissen begleitende Nichtwissen, das mit der Hilfe von Instrumenten explizit gemacht, markiert und kommentiert werden muss.

Wird Wissensarbeit zum Normalfall für große Organisationen und global verteilte Netzwerke von Personen und Projektgruppen, dann verändern sich zwei entscheidende Bedingungen. Zum einen muss ein gemeinsamer Erfahrungshintergrund als Basis des Lernens erst mühsam etabliert werden. Zum anderen ist nicht mehr voraussehbar, von welchem Experten das kritische Element Wissen, der kritische Hinweis auf relevantes Nichtwissen, die weiterführende Frage oder die entscheidende Anregung kommt, die für ein spezifisches Problem benötigt wird. Es ist nicht einmal vorhersehbar, welches Problem morgen kritisch sein wird und an welcher Stelle dieses Problem sich bemerkbar machen wird. Klar ist in solchen Konstellationen nur, dass morgen ein neues Problem auftauchen wird und dass dafür keine etablierten Lösungen vorhanden sind.

Der MikroArtikel ist die Basiseinheit eines kollektiven Lernprozesses. Er beginnt seine Karriere zwar als individuelle Leistung oder in Ausnahmefällen als Ergebnis eines Teamprozesses, aber nützlich für die Organisation insgesamt wird er erst, wenn systemische Routinen und Regeln etabliert sind, die den *Umlauf* und die *Nutzung* der MikroArtikel so organisieren, als handelte es sich um eine ebenso wertvolle Ressource wie Kapital oder Arbeit. Tatsächlich ist die in den MikroArtikeln – oder in anderen Formen der Explizierung und Dokumentation von Wissen – steckende Ressource bereits heute für viele Organisationen *wertvoller* als Kapital und Arbeit, weil sie zum einzigen Produktivfaktor wird, der die *zukünftige* Leistungs- und Ertragsfähigkeit der Organisation absichern kann (Edvinsson u. Malone 1997, p. 60 ff.).

Dies gilt besonders für Organisationen, die ihre Leistungen in der Form verteilter Projektarbeit erbringen. Für sie wird die Antwort auf die Frage bestandskritisch, wie sie die Erfahrungen und Lernschritte aus den verschiedenen Projekten über Projektcluster und Projektlandschaften hinweg so darstellen, dokumentieren und nutzen, dass jeder Mitarbeiter auf das für ihn relevante Wissen in einer organisierten Weise zugreifen kann.

Eine aufschlussreiche Beobachtung aus der Beraterbranche soll die Überlegungen zum MikroArtikel abschließen. Lange schon profilieren sich große Beratungsunternehmen durch geschickte, strategisch platzierte *Publikationen – nicht nur Aufsätze in Fachzeitschriften, sondern auch Bücher.* Auch kleinere, besonders kompetente Beratungsfirmen, wie etwa die Unternehmen der systemischen *Wiener Schule*, tun sich seit Jahren dadurch hervor, dass sie regelmäßig und systematisch publizieren und das Publizieren zu einem der Geschäftsprozesse der Firmen selbst gemacht haben. Interessant ist nun, dass potenzielle Klienten, die inzwischen durch die Bank beratungserfahren sind, solche Publikationen als *dokumentierte Belege für Kompetenz, Ausrichtung und Beratungsansatz* im Prinzip von jedem Berater, jeder Beraterin und jeder Beratungsfirma erwarten, wenn nicht gar verlangen. Berater (und andere Experten) müssen sich also darauf einstellen, dass sie ihre Kernkompetenzen nicht nur bezeichnen, sondern auch in explizierter Form belegen können.

Mithilfe von MikroArtikeln lässt sich die Fähigkeit zum Publizieren langsam und systematisch aufbauen. Niemand braucht Angst davor zu haben, Publikationen produzieren zu müssen, wenn er das Training durch MikroArtikel hinter sich gebracht hat.

5.4 Die Wissenslandkarte

Einer Organisation stehen mehrere Möglichkeiten offen, zu einer Wissenslandkarte zu kommen. Auch eine Wissenslandkarte kann man induktiv, *bottom-up* aus den einzelnen Wissensbäumen der Mitglieder aufbauen und die Karte von Abteilung zu

Bereich, von Bereich zu Ressort und von Ressort zur Gesamtorganisation zusammenfügen. Auf diesem Weg ergibt sich gemäß der Selbstbeschreibung der Mitglieder ein Bild der vorhandenen Kompetenzen.

Eine ganz andere Wissenslandkarte ließe sich aus der Gesamtheit der in einer Organisation vorhandenen MikroArtikel anfertigen. Sie würde die für einzelne Kompetenzfelder von Personen, für Geschäftsprozesse, Methoden, Instrumente etc. hinterlegten Erfahrungsberichte der Organisation darstellen, die unter Umständen durch Detailstudien (Fallstudien) zu besonders wichtigen oder kritischen Merkmalen und Kompetenzen der Organisation ergänzt sein könnten.

Im Normalfall allerdings entsteht eine Wissenslandkarte der Organisation *top-down* als Teilergebnis einer strategischen Positionierung des Systems. Diese Sichtweise gründet auf einer wichtigen Weichenstellung des systemischen Wissensmanagements. Vom einzigen Ausnahmefall der reinen Forschungsorganisation abgesehen, ist das Hauptziel einer Organisation *nicht* die Produktion von Wissen. Vielmehr ist Wissen nur eine Ressource, wenngleich eine besonders wichtige, zur Erreichung der eigentlichen Ziele der Organisation.

Diese Ziele sind sehr unterschiedlich, je nach Typus der Organisation. Für Wirtschaftsunternehmen ist es die Erwirtschaftung einer periodischen Rendite auf das eingesetzte Kapital. Für ein Krankenhaus ist es die Produktion von Gesundheit, für eine Schule die Erziehung der Kinder, für einen Wohlfahrtsverband die Linderung von Not, für ein Opernhaus die Produktion von anspruchsvoller Kunst und so weiter für jeden Typus von Organisation.

Wenn wir den Fall eines Wirtschaftsunternehmens zugrunde legen, dann ist es die vorrangige Aufgabe des obersten Managements, die Firma strategisch optimal zu positionieren. Geleitet ist diese Positionierung eventuell von einer formulierten Vision und/oder von einer Explikation der Mission des Unternehmens.

Die strategische Positionierung muss zwei Fragen beantworten. Nach außen: Welchen Markt wollen wir bearbeiten, welche Kundenstruktur und welche Leistungen (Güter) wollen wir in diesem Markt erbringen? Und nach innen: Welche Leistungen (Güter) können wir mit unseren Ressourcen erbringen, welche Leistungen wollen wir erbringen, und wie können wir eine (mögliche) Diskrepanz zwischen Können und Wollen ausgleichen? (Siehe als schematische Darstellung Abb. 12.)

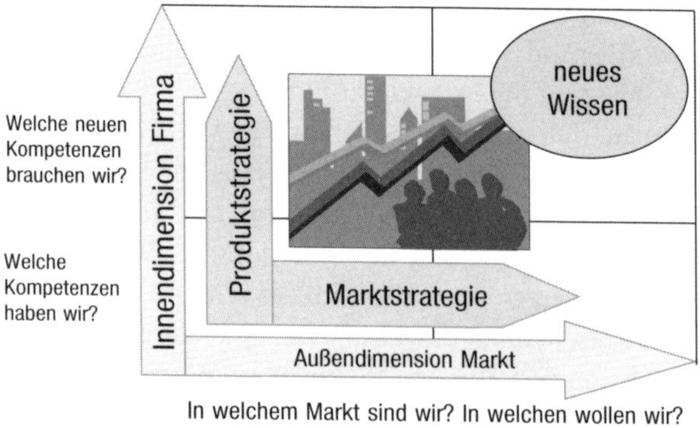

Abb. 12: Von der Wissenslandkarte zum Szenario des strategisch kritischen Wissens

Die Kernfrage nach den zu erbringenden Leistungen ruft die Themen der Kernkompetenzen, der Ressourcenausstattung und der Wissensstrategien auf. Diese Themen können anhand einer Wissenslandkarte übersichtlich und stringent behandelt werden. Der Nutzen einer Wissenslandkarte liegt also zum einen darin, dass sie die tatsächlich vorhandenen Kompetenzen einer Organisation möglichst signifikant darstellt. Zum anderen liegt er darin, dass sich gegenüber den Wissensstrategien und Wissenszielen der Organisation (die aus der strategischen Positionierung folgen) in aller Regel gut erkennbare Unterschiede ergeben und dass drittens aus den gegebenen Diskrepanzen unmittelbar Programme der Personalentwicklung und der Organisationsentwicklung ersichtlich werden. (Siehe als Überblick Abb. 13.).

Abb. 13: Genese der Wissenslandkarte

Es sollte jetzt nicht mehr überraschen, dass zur Wissenslandkarte einer Organisation Komponenten gehören, die nicht ohne weiteres erkennbar und häufig nur implizit und latent vorhanden sind. Vor allem genuin systemische Merkmale der Wissenskultur einer Organisation sind hier von Bedeutung: Die „heimlichen Spielregeln“ (Scott-Morgan 1994), die Mythen, Traditionen und Legenden *(war stories)* einer Organisation gehören genauso dazu wie ihre Lernerfahrungen mit Beratung, Strukturveränderung oder Prozessoptimierung. (Siehe als Zusammenstellung die Abb. 14 und die folgenden Abbildungen als konkrete Beispiele für Wissenslandkarten.)

In meiner eigenen Beratungspraxis musste ich eine aufschlussreiche Lektion lernen. Eine Firma für die Herstellung von Abwasserrohren und Sanitärtechnik wollte etwas über Wissensmanagement erfahren. Ich war etwas verwundert und fragte mich, was wohl bei einem so simplen Produkt wie Rohren aus

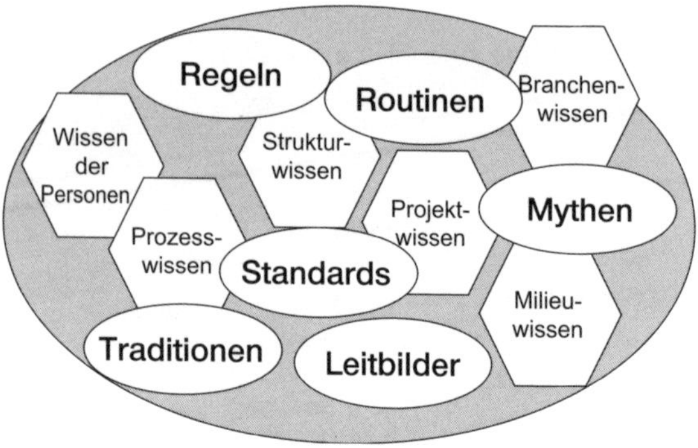

Abb. 14: Wissenslandkarte der Organisation

Plastik besonders wissensintensiv sein könnte. Bei der Herstellung einer Wissenslandkarte der Firma wurde ich schnell eines Besseren belehrt (siehe Abb. 17). Wieder einmal bestätigte sich, dass es keine Ausnahmen gibt und auch scheinbar „simple" Pro-

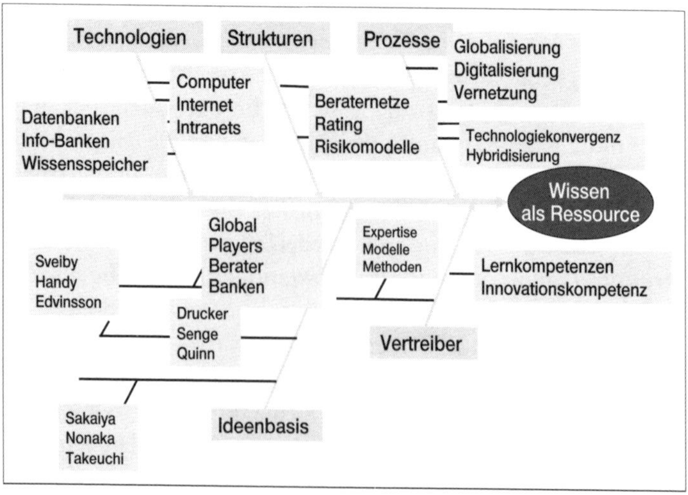

Abb. 15: Wissenslandkarte des Wissensmanagements

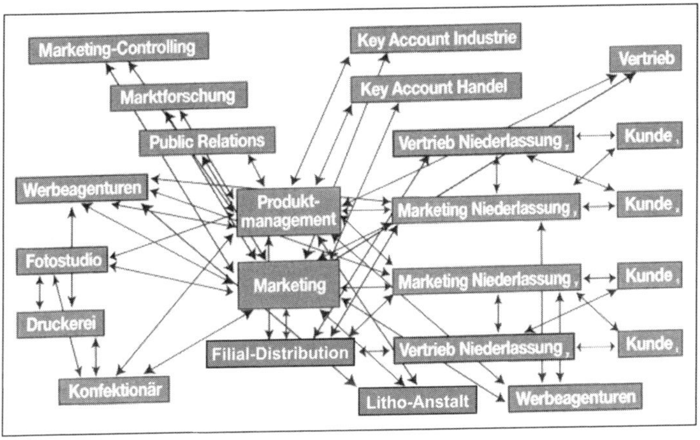

Abb. 16: Wissenslandkarte Marketing-Kommunikation

dukte sich im Kontext der Wissensökonomie zu wissensintensiven Gütern entwickeln.

Auch für das Instrument der Wissenslandkarte gilt, wie schon für Wissensbaum und MikroArtikel, dass auf den ersten Blick alles täuschend einfach aussieht und man sich fragt, warum nicht jede Organisation, die bei Sinnen ist, längst schon ein solches Bild ihrer selbst in der Eingangshalle hängen hat und stolz allen Mitgliedern und Besuchern präsentiert (siehe auch das Instrument der „learning history“ in Abb. 18, das einen einfachen, instruktiven Überblick über wichtige Lernschritte geben kann). Warum sollte eine Organisation nicht gleich am nächsten Montagmorgen darangehen, eine Wissenslandkarte für sich anzufertigen?

Alle Probleme des Umgangs mit der heiklen Ressource Wissen kommen bei dieser Frage wieder auf den Tisch. Mit dem Wissen stellt eine Organisation auch ihr Nichtwissen dar. Es könnte sich herausstellen, dass sie ihre Kernkompetenzen gar nicht genau und überzeugend formulieren kann. Das Manage-

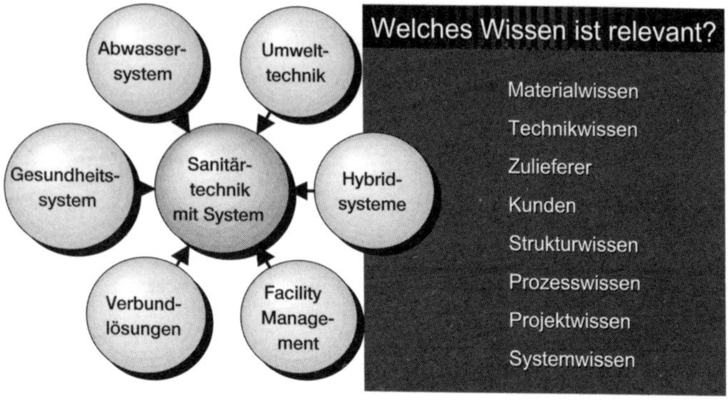

Abb. 17: Wissenslandkarte – Wissensbasierung einer Sanitärfirma

ment könnte die Explikation der Verwerfungen zwischen formalen und fachlichen Kompetenzen scheuen. Mitarbeiter mit geringen oder peripheren Kompetenzen könnten sich vergeblich auf der Landkarte suchen. Vieles ist vorstellbar. Die entscheidende Gegenfrage ist: Warum sollte eine Organisation vor all dem Angst haben? Was hat die Organisation bislang versäumt, wenn sie sich vor einer Darstellung ihrer Wissenslandkarte fürchten muss? Was ist passiert, wenn eine Organisation nicht stolz auf ihre Kompetenzen ist und jeden Vergleich scheut? James Quinn nennt einen der Hauptgründe:

> *„Unter diesen Umständen betrachtet es niemand als seine oder ihre spezielle unternehmenspolitische Aufgabe und Verantwortung für die Zukunft der Firma, die übergreifenden Kernkompetenzen des Unternehmens aufzubauen. Jede dezentralisierte Einheit konzentriert sich natürlich primär auf ihre kurzfristigen Gewinnziele, für die sie eingerichtet wurde, und auf die Fähigkeiten, die dafür nötig sind. Wenn eine Gliederung der Organisation nach Funktionen existiert, dann sieht sich jede Funktionseinheit psychologisch und politisch gezwungen, sich selbst als den Kern und die Quelle der strategischen Stärke der Firma zu sehen. In keinem Fall gibt es starke Anreize, firmenübergreifende*

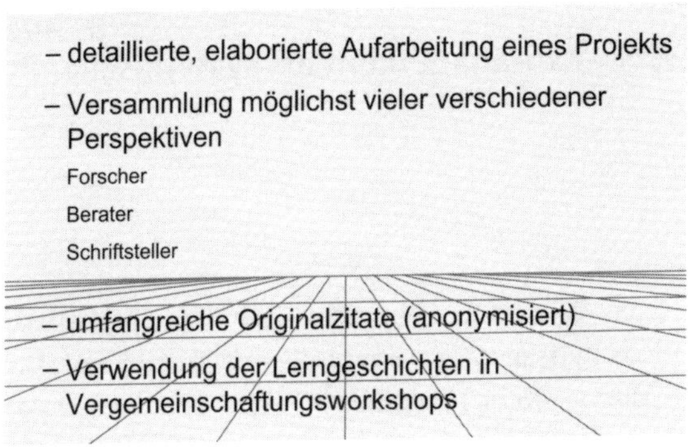

Abb. 18: Learning histories

> *Querschnittskompetenzen zu stärken, die der Firma insgesamt eine Vorrangstellung einbringen würden. Die Effektivität der Firma wird dadurch beeinträchtigt, dass persönliche und Ressortziele vorrangig befriedigt werden“* (Quinn 1992, p. 52; Übersetzung: H. W.).

Worum es am Montagmorgen also tatsächlich geht, ist eine Überprüfung der Wissenskultur der Organisation. Hat sich in einem System erst einmal eine Kultur des Misstrauens, des Versagens, der Suche nach Fehlern und Schuldigen etabliert, dann nutzen alle hehren Vorsätze und Strategien des Wissensmanagements gar nichts. Dann ist das angesagt, was ein systemisches Wissensmanagement im Kern ausmacht: die geduldige, mittelfristige Veränderung der Wissenskultur eines Systems mit dem Ziel, eine „intelligente“ Organisation zu schaffen, die auf zwei Säulen steht: der Säule der Kompetenzen ihrer Mitglieder und der Säule der systemischen Kernkompetenzen der Organisation.

6 Ausblick: Wissensmanagement als systemischer Prozess

Systemisches Wissensmanagement versteht sich als Bestandteil vom und als Beitrag zum systemischen Management. Ein *systemisches Management* ist dadurch gekennzeichnet, dass es eine umfassende, ganzheitliche Sicht der Organisation als komplexen, dynamischen Systems zugrunde legt. Als komplexes System besteht eine Organisation aus thematisch spezifischen und auf strategische Ziele ausgerichteten Kommunikationen, die in der Form von Entscheidungen aufeinander aufbauen und aneinander anschließen. Die Geschichte einer Organisation lässt sich als Geschichte ihrer Entscheidungsprozesse verstehen.

Auf der Basis eines solchen Verständnisses einer komplexen Systemdynamik sind dann ausgewählte Managementprojekte und Interventionen zur Systemsteuerung möglich und sinnvoll (siehe die Ausführungen zu „Steuerung“ in Kapitel 2 und bei Willke 2001b). Wissensmanagement reiht sich damit in eine Vielzahl von Aktivitäten ein, die das Management eines komplexen Systems ausmachen. Wissensmanagement ist keine allein selig machende Disziplin, sondern immer nur Teil einer breiten Palette von Interventionen, die zur Führung und Steuerung eines dynamischen Systems erforderlich sind. Aus diesem Grund empfiehlt es sich, Wissensmanagement nicht als Spezialdisziplin zu etablieren und noch eine weitere „Schublade“ im großen Schrank der Arbeitsformen des Managements zu schaffen.

Stattdessen sollte ein systemisches Wissensmanagement *als Teil des allgemeinen Managements* verstanden und praktiziert werden und dabei die Prinzipien eines systemischen Managements verstärken (siehe zu diesen Prinzipien Abb. 19). Sowenig

Prinzipien des systemischen Managements

- Beobachtungen schaffen Realitäten.
  - Ich sehe nur, was ich mit meinen Beobachtungsinstrumenten sehen kann.
- Neue Beobachtungsinstrumente schaffen neue Realitäten.
  - Um Neues sehen zu können, muss ich neue Beobachtungsmöglichkeiten schaffen.
- Verteilte Systeme brauchen verteilte Führung.
  - Alle komplexen Systeme brauchen verteilte Intelligenz. Intelligente Führung muss die Teile zusammenführen.
- Verteilung von Expertise schafft zunehmenden Grenznutzen.
  - Durch die Weitergabe von Wissen wird neues Wissen geschaffen – auf beiden Seiten.
- Steuerung führt über bloße Evolution hinaus, aber in komplexen Systemen gibt es nur Selbststeuerung und Kontextsteuerung.
  - Steuerung meint hier Systemsteuerung im Sinne der Systemtheorie. Im Sinne der Kybernetik wäre es Regelung!
- Komplexe Systeme haben kein Optimum, sondern verteilte dynamische Optima.
  - Was ein Optimum zu einer Zeit und in einer Konstellation darstellt, kann zu einer anderen Zeit und in einer anderen Konstellation suboptimal sein. Deshalb ist es nötig, die Systemdynamik zu verstehen.
- Das Geheimnis optimierter Führung ist nicht die Schaffung von Ordnung, sondern Kompetenz im Umgang mit Ungleichgewichten und Ungewissheiten.
  - Hochkomplexe Systeme brauchen einen gewissen Grad von Unordnung. Führung heißt, damit umgehen zu lernen.
- Organisationen bestehen nicht aus Menschen, sondern aus Kommunikationen.
  - Daran sind natürlich Menschen beteiligt, aber es entstehen *eigenständige* Realitäten der Organisation.
- Deshalb hat jede Organisation zwei Komponenten: die Personen und die Muster (Strukturen, Prozesse und Regeln) organisierter Kommunikation.
  - Führungskompetenz meint, auf *beiden* Klavieren spielen zu können und die Zusammenhänge zwischen beiden Seiten zu verstehen.

Abb. 19: Prinzipien des systemischen Managements

Sinn es hat, Belange der natürlichen Umwelt in ein spezielles Umweltmanagement abzuschieben oder Qualitätsfragen als Spezialdisziplin des Qualitätsmanagements zu betreiben (und damit alle anderen Bereich von diesen Verantwortungen zu befreien), so wenig Sinn ergibt es, das Wissensmanagement einigen Spezialisten zu überlassen. Vielmehr kommt es darauf an, Wissensmanagement (wie etwa Personalführung, Qualitätsmanagement oder Finanzverantwortung als Teil des Finanzmanagements) zum integralen Bestandteil des allgemeinen Managements und zur selbstverständlichen Anforderung an Führungskompetenz zu machen.

Allerdings gelten in der Praxis häufig für die Phase der Einführung von Wissensmanagement besondere Regeln. Hier muss irgend ein Treiber (Person, Team, Bereich) vorangehen und die Plausibilität des Ganzen demonstrieren, bevor sich das allgemeine Management darauf einlässt. So sind nun einmal die Verhältnisse. Das allgemeine Management wird von so vielen, auch widersprüchlichen Anforderungen bombardiert, es sollte auf so viele Ideen, Moden, Stichwörter, Veränderungen, Ansprüche etc. reagieren, dass verständlich ist, wenn es zunächst einmal abwehrt. Darüber hinaus lässt sich in der Praxis beobachten, dass der Grad der habituellen Überlastung des Managements Ausmaße angenommen hat, die klar kontraproduktiv wirken. Man kann nicht gut von einem Manager, der zu 120 % ausgelastet ist, erwarten, dass er sich interessiert und freundlich neue Ideen anhört.

Umso wichtiger ist es im Fall des systemischen Wissensmanagements, bereits bei den Pilotprojekten der Einführung eines Wissensmanagements zu demonstrieren, dass nach einer gewissen Anlaufzeit *mit Wissensmanagement auch Entlastungen realistisch und machbar sind.* Wenn eine Teamleiterin die anbrandenden Daten schneller, effektiver und effizienter zu Informationen verarbeitet und die relevanten Lektionen aus den Erfahrungen des Teams herauszieht, wenn ihr ein besseres Recruiting gelingt und sie die Kompetenzen ihrer Mitarbeiter optimal nutzt, wenn sie Aufträge in Lotus Notes dokumentiert und präzisiert und dazu unmittelbar Rückmeldungen bekommt, dann resultieren daraus in aller Regeln auch Entlastungen (das Stichwort in der Managementliteratur heißt *work load reduction*), Zeitgewinne und insgesamt ein effektiveres Arbeiten.

Das Wissensmanagement wird umso hilfreicher und produktiver, je klarer es als ein systemischer Geschäftsprozess organisiert ist, der in Anlage und Zielsetzung als einer von mehreren Kerngeschäftsprozessen einer Organisation intendiert und als solcher erkennbar ist. (Ausführlich zum Thema „Wissensmanagement als Geschäftsprozess" Willke 1998, Abschnitt 3.3). So wie ein vorbildlicher Personalmanagementprozess oder ein exzellenter Qualitätsprozess sich (etwas paradoxerweise) dadurch auszeichnet, dass er sich in das allgemeine Management so einspielt und integriert, dass er nicht als gesonderter und abgetrennnter Prozess auffällt, so sollte ein gelingendes Wissensmanagement zwar als Geschäftsprozess erkennbar sein, aber sich nahtlos in das allgemeine Management einfügen und es unterstützen.

Sicherlich haben die verschiedenen Geschäftsprozesse unterschiedliche Schwerpunkte und Merkmale. Aber ein systemisches Management erweist sich genau darin, dass es die notwendigen Differenzen in einer komplexen Einheit des Ganzen „aufhebt", das heißt: dass es Unterschiede zulässt, ohne dass daraus Abspaltung, Kästchendenken und Desintegration folgen.

Eine mögliche Struktur des Aufbaus von Wissensmanagement als Prozess zeigt Abbildung 20. Der Prozess setzt mit einer Bestandsaufnahme des vorhandenen und des fehlenden Wissens ein. Es wird eine systemspezifische Topographie des Wissens erstellt (Wissen schließt immer das komplementäre Nichtwissen ein).

Falls erforderlich – und das ist der Regelfall –, muss das fehlende erforderliche Wissen generiert werden. Um dieses Wissen herbeizuschaffen, muss man es allerdings nicht unbedingt selbst „erfinden". Häufig ist es längst vorhanden und verfügbar. Dann kommt es darauf an, die üblichen Barrieren gegen eine Über-

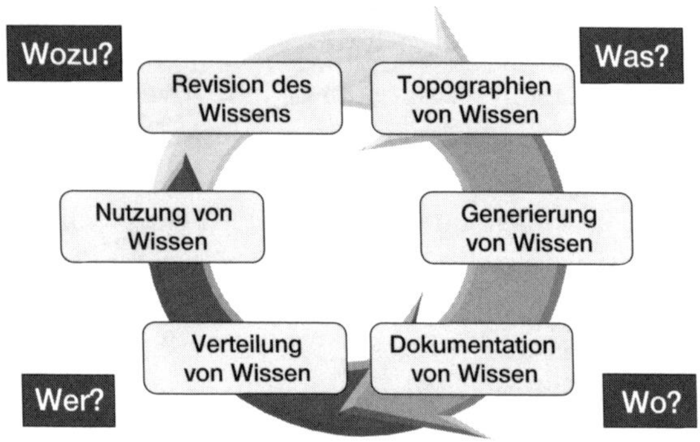

Abb. 20: Aufbau von intellektuellem Kapital durch Wissensmanagement

nahme von „fremdem“ Wissen zu überwinden und nach einem der etwas unkonventionellen Grundsätze des Wissensmanagements zu handeln: SIS = *steal ideas shamelessly* (das gilt natürlich nicht, wenn dieses fremde Wissen geschützt ist).

In einem weiteren Schritt wäre dafür zu sorgen, dass das relevante Wissen in einer Form dokumentiert ist, die Einspeisung, Nutzung und Kommentierung anreizt und fördert. Häufig ist das Gegenteil der Fall: Die Dokumentationssysteme schrecken alle ab, die sich nicht als „Datenbank-Freaks“ verstehen. Insbesondere wenn es gelingt, multimediale und auch spielerische Elemente in die Dokumentationsformen einzubauen, ist die Akzeptanz deutlich besser. Entscheidend ist aber auch bei diesem Schritt, dass der konkrete Nutzen (etwa Zeitersparnis bei der Suche nach Daten und Informationen oder Versorgung mit zeitnahen, vollständigen und gut strukturierten Daten) klar und zumindest mittelfristig erkennbar ist.

Dann folgt die wichtige und oft auch etwas heikle Entscheidung darüber, wer Zugang zu welchen Daten und Informationen erhalten soll. Sicherlich gibt es ein paar gute Gründe für Datenschutz etc. Aber je stärker Wissen, Expertise und Kompetenzen zur Grundlage der Arbeit in Organisationen werden, desto wichtiger ist es, einen möglichst breiten und unbeschränkten Zugang zu relevanten Informationen zu schaffen. In der Praxis ist das Problem nicht mangelnder Datenschutz, sondern weit übertriebene Abschottung, überflüssige Geheimniskrämerei oder gezielte Filterung von Informationen und ihre Nutzung als Herrschaftswissen. Selbst die Gefahr der Ausspionierung wird nach meinem Eindruck stark überschätzt. Da Wissen erst in einem spezifischen Praxiszusammenhang und Erfahrungskontext entsteht, diese Erfahrung aber in aller Regel nicht gestohlen werden kann, bleibt die wichtigste Ressource auch dann im System erhalten, wenn die Daten offen liegen.

Schließlich folgt ein Prozessschritt, der häufig unterschlagen wird: die kontinuierliche und organisierte Revision des vorhandenen Wissens. Dies schließt ein organisiertes Entlernen, Verlernen (Baecker 2000) und Vergessen ein. Ein Wissensmanagementprozess kommt also erst dann zum Abschluss und mündet in eine neue Runde, wenn in einer strategischen Perspektive geprüft wird, wozu das vorhandene Wissen dient und ob die Wissensziele noch zur strategischen Ausrichtung des Systems passen. An diesem Punkt darf man sich keine Illusionen machen: Eine Revision des vorhandenen Wissens ist sehr schmerzhaft, weil Wissen eine sehr auf die jeweilige Person und auf das jeweilige System bezogene, Identität konstituierende Ressource darstellt. Revisionen des Wissens sind also nicht leicht. Sie müssen gut begründet werden. Und sie müssen attraktive Alternativen zum akzeptierten oder gar „kanonisierten" Wissens anbieten, damit sie akzeptabel sind.

Die Beschreibung des systemischen Wissensmanagements als Geschäftsprozess ist die eine Seite. Die notwendig komplementäre andere Seite ist der Einbau dieses spezifischen Prozesses in den allgemeinen Managementprozess eines Systems. Diese Wirkung von Wissensmanagement kann man sich im Sinne der Abbildung 21 wiederum als einen Zirkel vorstellen, in

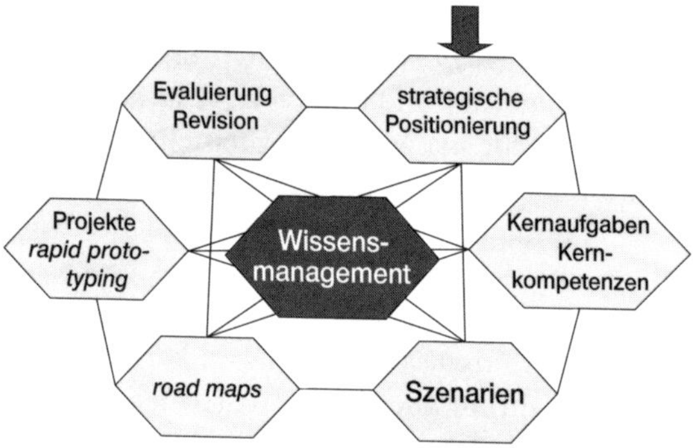

Abb. 21: Zusammenhang von Strategie und Wissensbasis

dem die manageriale Steuerung eines Systems unter dem Aspekt einer optimierten Nutzung der kritischen Ressource Wissen operationalisiert ist.

Wissensbasierung und Wissensintensität einer Organisation bedeuten auch, dass das Tempo der Managementprozesse zunimmt, *weil der Veränderungsdruck durch die kontinuierliche Generierung und Revision von Wissen ansteigt. Dies zwingt das Management eines Systems dazu, viel stärker als bislang mit vorläufigen, provisorischen, ungewissen und hypothetischen Prämissen und Projekten zu arbeiten.* Instrumente wie die Szenariotechnik (Fink, Schlake u. Siebe 2000; Minx 1997) und Techniken wie *rapid prototyping* verlieren den Status exotischer Spielereien für High-Tech-Firmen. Sie werden zum Standardrepertoire des Managements komplexer Systeme:

> *„Hier zeigt sich eine Dynamik, die auch in anderen Industrien zu beobachten ist. Langfristig kann eine Kernkompetenz zu einer Grundlagenkompetenz werden. Qualität, schnelle Produktzyklen (‚time to market') und reaktionsschneller Kundenservice, die einst genuine Merkmale von Exzellenz waren, werden in vielen Industrien Routinevorteile"* (Hamel a. Prahalad 1994, p. 211; Übersetzung: H. W.).

Je klarer sich die fortgeschrittenen Gesellschaften zu global vernetzten Wissensgesellschaften entwickeln und ihre Ökonomien sich zu Wissensökonomien transformieren, desto zwingender ergibt sich die Notwendigkeit, das Management dynamischer Systeme durch ein professionelles Management der Ressource Wissen – durch Wissensmanagement – zu komplementieren. Das ist die Pflicht. Ein *systemisches Wissensmanagement* ist dann die Kür, die einen kompetitiven Vorteil bringt, weil sie die Gesamtheit einer System-Umwelt-Konstellation im Auge hat und versteht, dass Wissen in der Form von Wissen/Nichtwissen die entscheidende Herausforderung für das Management komplexer Organisationen darstellt.

Literatur

Argyris, C. (1987): Wenn Manager nicht offen miteinander reden. *Harvard Manager* 2: 7–10.

Argyris, C. a. D. Schön (1996): Organizational learning II. Theory, method, and practice. Reading, MA (Addison-Wesley). [Dt. (2002): Die lernende Organisation. Grundlagen, Methode, Praxis. Stuttgart (Klett-Cotta).]

Baecker, D. (2000): Die verlernende Organisation. Fakultät für Wirtschaftswissenschaft, Universität Witten/Herdecke (Wittener Diskussionpapiere 76, Dezember.).

Bateson, G. (1972): Steps to an ecology of mind. New York (Ballantine).

Baumgartner, P. (1993): Der Hintergrund des Wissens. Vorarbeiten zu einer Kritik der programmierbaren Vernunft. Klagenfurt (Kärntner).

Born, G. (1996): (Im)materiality and sociality: The dynamics of intellectual property in a computer software research culture. *Social Anthropology* 4: 101–116.

Brunsson, N. (1989): The organization of hypocrisy: Talk, decisions, and actions in organizations. Chichester (John Wiley and Sons).

Chawla, S. a. J. Renesch (ed.): (1995): Learning organizations. Developing cultures for tomorrow's workplace. Portland, OR (Productivity).

Ciompi, L. (1999): Die emotionalen Grundlagen des Denkens. Entwurf einer fraktalen Affektlogik. Göttingen (Vandenhoeck & Ruprecht).

Derrida, J. (2001): Die unbedingte Universität. Frankfurt a. M. (Suhrkamp).

Dixon, R. et al. (1995): Reengineering II: Mit Ausdauer ist es machbar. *Harvard Busniness Manager* 17 (2): 105–114.

Dörner, D. (1989): Die Logik des Mißlingens. Reinbek (Rowohlt).

Edvinsson, L. (1997): Developing intellectual capital at Skandia. *Long Range Planning* 30: 366–373.

Edvinsson, L. a. M. Malone (1997): Intellectual capital. Realizing your company's true value by finding its hidden brainpower. New York (Harper).

Empson, L. (1999): The challenge of managing knowledge. Financial Times, Supplement: Mastering strategy, part ten, November 29: 8–10.

Evans, P. a. T. Wurster (2000): Blown to bits. How the new economy of information transforms strategy. Boston, MA (Harvard Business School).

Fink, A., O. Schlake u. A. Siebe (2000): Wie Sie mit Szenarien die Zukunft vorausdenken. *Harvard Business Manager* 22: 34–47.

Fiol, M. (1994): Consensus, diversity, and learning in organizations. *Organization Science* 5: 403–420.

Fischer, H.-P. (Hrsg.) (1997): Die Kultur der schwarzen Zahlen. Das Fieldbook der Unternehmenstransformation bei Mercedes-Benz. Stuttgart (Klett-Cotta).

Gundry, L. a. D. Rousseau (1994): Critical incidents in communicating cultur to newcomers: The meaning is the message. *Human Relations* 47: 1063–1087.

Hamel, G. a. C. Prahalad (1994) Competing for the future. Boston, MA (Harvard Business School). [Dt. (1995): Wettlauf um die Zukunft. Wie Sie mit bahnbrechenden Strategien die Kontrolle über Ihre Branche gewinnen und die Märkte von morgen schaffen. Wien (Ueberreuter).]

Hammer, M. a. S. Stanton (1995): The reengineering revolution. The Handbook. Hammersmith/London (HarperCollins).

Handy, C. (1991): The age of unreason. Boston, MA (Harvard Business School).

Handy, C (1995): The age of paradox. Boston, MA (Harvard Business School).

Kaplan, R. a. D. Norton (1992): In search of excellence – Der Maßstab muß neu definiert werden. *Harvard Manager* 14 (4): 37–46.

Kaplan, R. a. D. Norton (1996) The balanced scorecard. Boston, MA (Harvard Business School).

Kofman, F. a. P. Senge (1993): Communities of commitment: The heart of the learning organization. *Organizational Dynamics* 22 (2): 5–19.

Landauer, T. (1996): The trouble with computers. Unsefulness, usability, and productivity. Cambridge, MA (MIT).

LaPorte, T. a. P. Consolini (1991): Working in practice but not in theory: Theoretical challenges of "High-Reliability Organizations". *Journal of Public Administration Research and Theory* 1: 19–47.

Leibold, M., G. Probst a. M. Gibbert (2002): Strategic Management in the Knowledge Economy. New Approaches and Business Applications. Erlangen (Publicis).

Leonard-Barton, D. (1995): Wellsprings of knowledge. Building and sustaining the sources of innovation. Boston, MA (Harvard Business School).

Luhmann, N. (1971): Politische Planung. Opladen (Westdeutscher Verlag).

Luhmann, N. (1984): Soziale Systeme. Grundriß einer allgemeinen Theorie. Frankfurt a. M. (Suhrkamp).
Luhmann, N. (1990): Die Wissenschaft der Gesellschaft. Frankfurt a. M. (Suhrkamp).
Luhmann, N. (1993): Die Paradoxie der Form. In: D. Baecker (Hrsg.): Kalkül der Form. Frankfurt a. M. (Suhrkamp), S. 197–212.
Luhmann, N. (1995): Die Soziologie und der Mensch. Soziologische Aufklärung 6. Opladen (Westdeutscher Verlag).
Luhmann, N. (1997): Die Gesellschaft der Gesellschaft. 2 Bände. Frankfurt a. M. (Suhrkamp).
MacKenzie, D. (2003a): Opening the black boxes of global finance. Verfügbar unter: www.ed.ac.uk/MacKenzie.
MacKenzie, D. (2003b): An equation and its worlds: Bricolage, exemplars, disunity, and performativity in financial economics. Verfügbar unter: www.ed.ac.uk/MacKenzie.
Manville, B. (1995): McKinsey & Company. Thoughts on the past and future of our knowledge strategies. (Workshop der GDI Rüschlikon).
Manville, B. a. N. Foote (1996): Harvest your workers' knowledge. *Datamation* 42 (13): 78, 80–81.
Marc, E. u. D. Picard (1991): Bateson, Watzlawick und die Schule von Palo Alto. Frankfurt a. M. (Hain).
Marshall, C., L. Prusak a. D. Shpilberg (1996): Financial risk and the need for superior knowledge management. *California Management Review* 38: 77–101.
Maturana, H. (1981): Autopoiesis. In: M. Zeleny (ed.): Autopoiesis. A Theory of Living Organization. New York/Oxford (North Holland), pp. 21–33.
Maturana, H. (1982): Erkennen: Die Organisation und Verkörperung von Wirklichkeit. Braunschweig/Wiesbaden (Vieweg).
McGill, M. u. J. Slocum (1996): Das intelligente Unternehmen. Stuttgart (Schäffer-Poeschel).
Minx, E. (1997): Denken auf Vorrat. *Forschung und Lehre* 12: 626.
Nonaka, I. (1992): Wie japanische Konzerne Wissen erzeugen. *Harvard Manager* 14 (2): 95–103.
Nonaka, I. (1994): A dynamic theory of organizational knowledge creation. *Organization Science* 5: 14–37.
Nonaka, I. a. H. Takeuchi (1995): The knowledge-creating company. How Japanese companies create the dynamics of innovation. New York/Oxford (Oxford University Press).
Nossek, S. u. C. Hieber (2004): Sie haben Post! Effektiver Einsatz neuer Kommunikationsmedien in Organisationen. Heidelberg (Carl-Auer).

Osterloh, M. u. J. Frost (1996) Prozeßmanagement als Kernkompetenz. Wiesbaden (Gabler).
Perrow, C. (1988): Normale Katastrophen: Die unvermeidbaren Risiken der Großtechnik. Frankfurt a. M. (Suhrkamp).
Piel, K. (2003): Ökonomie des Nichtwissens. Aktienhype und Vertrauenskrise im Neuen Markt. Frankfurt a. M. (Campus).
Polanyi, K. (1984): The great transformation. Frankfurt a. M. (Suhrkamp).
Polanyi, M. (1958) Personal knowledge. Chicago (University of Chicago).
Quinn, J. (1992) : Intelligent enterprise. A knowledge and service based paradigm for industry. New York (Free Press).
Reich, R. (1991): The work of nations. Preparing ourselves for 21st century capitalism. New York (Knopf).
Roehl, H. (2000): Instrumente der Wissensorganisation. Perspektiven für eine differenzierende Interventionspraxis. Wiesbaden (Deutscher Universitäts-Verlag).
Roehl, H. (2002): Organisationen des Wissens. Anleitung zur Gestaltung. Stuttgart (Klett-Cotta).
Romhardt, K. (1998): Die Organisation aus der Wissensperspektive. Möglichkeiten und Grenzen der Intervention. Wiesbaden (Gabler).
Roth, G. (1996): Learning histories: Using documentation to assess and facilitate organizational learning. Verfügbar über: www.d/programme/compuser/down-load/mit1.htm.
Schaudwet, C. (2002): Ende der Planwirtschaft. *Wirtschaftswoche* 34: 65–67.
Scott-Morgan, P. (1994): Die heimlichen Spielregeln. Die Macht der ungeschriebenen Gesetze im Unternehmen. Frankfurt a. M. (Campus).
Senge, P. (1990): The fifth discipline. New York (Doubleday).
Senge, P., A. Kleiner, C. Roberts, R. Ross u. B. Smith (1996): Das Fieldbook zur Fünften Disziplin. Stuttgart (Klett-Cotta).
Shand, D. (1999): Return on knowledge. *Knowledge Management* 4: 30–39.
Shapiro, C. a. H. Varian (1999): Information rules. A strategic guide to the network economy. Boston, MA (Harvard Business School). [Dt. (1999): Online zum Erfolg. Strategie für das Internet-Business. München (Langen-Müller/Herbig).
Simon, F. B. u. C. Rech-Simon (1999): Zirkuläres Fragen. Systemische Therapie in Fallbeispielen: Ein Lernbuch. Heidelberg (Carl-Auer).
Simon, H. (2002): Chaos, Ordnung und Strategie. *Frankfurter Allgemeine Zeitung*, 24.8.2002: 53.

Sinclair, T. (1999): Bond-rating agencies and coordination in the global political economy. In: A. Claire Cutler et al. (eds.): Private authority and international affairs. Albany, NY (SU of New York Press), pp. 153–168.

Smith, A. (1990): Der Wohlstand der Nationen. München (dtv).

Spencer-Brown, G. (1979) Laws of form. New York (Dutton).

Steward, T. (1997): Intellectual capital. The new wealth of organizations. New York et al. (Doubleday).

Strulik, T. (2000a.): Risikosteuerung globalisierter Finanzmärkte. Herausforderungen und Initiativen im Kontext der Bankenregulierung. Frankfurt a. M./New York (Campus).

Strulik, T. (2000b): Funktion und Folgen privater Rating-Agenturen im Kontext der Regulierung globaler Finanzmärkte. *Soziale Welt* 51: 443–462.

Sveiby, K. (1997): What is information? Verfügbar über: www2.eis.net.au/ -karlerik/information.html.

Taylor, F. (1913): Die Grundsätze wissenschaftlicher Betriebsführung. München/Berlin (Oldenbourg).

Thurow, L. (1999): Buildung wealth: The new rules for individuals, companies, and nations in a knowledg-based economy. New York (HarperCollins).

Tufte, E. (2003): The cognitive style of PowerPoint. Cheshire, CT (Graphics).

Vopel, O. (1999) Wissensmanagement im Investment Banking. Wiesbaden (Deutscher Universitäts-Verlag).

Wallace, S. (1994): Accelerating engineering design. *Byte* 19 (7): 62–76.

Walter, H. J. (1994): Gestalttheorie und Psychotherapie. Zur integrativen Anwendung zeitgenössischer Psychotherapiemethoden. Opladen (Westdeutscher Verlag).

Warglien, M. a. M. Masuch (1996): The logic of organizational disorder: An introduction. In: M. Warglien a. M. Masuch (eds.):The logic of organizational disorder. Berlin/New York (de Gruyter), pp. 1–34.

Weick, K. (1995): Sensemaking in organizations. Thousand Oaks/London (Sage).

Weick, K. a. K. Roberts (1993): Collective mind in organizations: Heedful interrelating on flight decks. *Administrative Quarterly* 38: 357–381.

Wenger, E. (1999): Communities of practice. Learning, meaning, and identity. Cambridge, UK (Cambridge University Press).

Williamson, M. (1994): High-Tech training. *Byte*: 74–88.

Willke, H. (1997): Dumme Universitäten, intelligente Parlamente. In: R. Grossmann (Hrsg.): Wie wird Wissen wirksam? Wien/New York (Springer), pp 107–110.

Willke, H. (1998): Systemisches Wissensmanagement. Stuttgart (UTB/Lucius & Lucius).
Willke, H. (1999): Systemtheorie II: Interventionstheorie. Stuttgart (UTB/Lucius & Lucius).
Willke, H. (2001a): Die Krisis des Wissens. *Österreichische Zeitschrift für Soziologie* 26: 3–26.
Willke, H. (2001b): Systemtheorie III: Steuerungstheorie. Stuttgart (UTB/Lucius & Lucius).
Willke, H. (2002): Dystopia. Studien zur Krisis des Wissens moderner Gesellschaft. Frankfurt a. M. (Suhrkamp).
Willke, H. (2003): Heterotopia. Studien zur Krisis der Ordnung moderner Gesellschaft. Frankfurt a. M. (Suhrkamp).
Willke, H. a. T. Strulik (2002): Rating agencies als Institutionen der Zweiten Moderne? Die Produktion autoritativer Expertise und ihre globalen Steuerungseffekte. Universität Bielefeld (unveröffentl. Abschlussbericht zum Forschungsprojekt an die VW-Stiftung).
Wimmer, R. (Hrsg.) (1995): Organisationsberatung. Neue Wege und Konzepte. Wiesbaden (Gabler).
Wolf, P. (2003): Erfolgsmessung der Einführung von Wissensmanagement. Eine Evaluationsstudie im Projekt „Knowledge Management“ der Mercedes-Benz-Pkw-Entwicklung der DaimlerChrysler AG. Münster (Monsenstein und Vannerdat).
Wollmann, P. u. H. Willke (2003): Controlling in „chaotischen“ Zeiten. Überlegungen zu einer kognitiven Wende in Planung und Controlling. *OrganisationsEntwicklung* 22: 26–39.
Wurman, R. (1996): Information architects. Zürich (Graphis).

Über den Autor

Helmut Willke, Dr., Professor für Planungs- und Entscheidungstheorie an der Fakultät für Soziologie der Universität Bielefeld, seit 2002 Professur für Staatstheorie und Global Governance; Gastprofessuren in Washington D. C., Genf und Wien; 1994 Leibniz-Preis der Deutschen Forschungsgemeinschaft. Autor des Grundlagenwerks zum systemischen Wissensmanagement.
Für weitere Informationen und Kontakt zum Autor:
www.uni-bielefeld.de/pet/willke.html

Carl-Auer-Compact

Wissen auf den Punkt gebracht

Carl-Auer-Compact bietet auf jeweils 120 Seiten konkretes Wissen für Studium, Berufsanfang, Karrierestart und Weiterbildung und wendet sich an Leser, die sich anspruchsvoll, knapp und sachlich fundiert informieren wollen. Die Inhalte konzentrieren sich auf die wesentlichen Aspekte der systemischen Theorie und Praxis. Geplant sind in dieser Reihe zunächst 16 Titel, allesamt verfasst von anerkannten Autoren aus Wissenschaft und Praxis, die ihr Fach souverän beherrschen. Die Namensliste liest sich wie das Who 's Who der systemischen Szene:

Andrea Ebbecke-Nohlen • Bruno Hildenbrand • Karl L. Holtz • Roswita Königswieser • Kurt Ludewig • Siegfried Mrochen • Dirk Revenstorf • Wolf Ritscher • Wilhelm Rotthaus • Gunther Schmidt • Rosmarie Welter-Enderlin • Helmut Willke u. a.

Im Vorbereitung:

Frühjahr 2005
Bruno Hildenbrand:
- Einführung in die Genogrammarbeit

Gunther Schmidt:
- Einführung in die hypnosystemische Theorie und Beratung

Herbst 2005
Kurt Ludewig:
- Einführung in die theoretischen Grundlagen der systemischen Therapie

Karl Ludwig Holtz/Siegfried Mrochen:
- Einführung in die hypnotherapeutische Kinder- und Jugendlichen-Psychotherapie

Management mit System

Silvia Nossek/Christoph Hieber

Sie haben Post!

Effektiver Einsatz neuer Kommunikationsmedien in Organisationen

268 Seiten, 28 Abb., Gb, 2004
ISBN 3-89670-455-9

Der Kommunikationsbedarf in Organisationen nimmt stetig zu – in Wirtschaftsunternehmen ebenso wie in der öffentlichen Verwaltung und im Non-Profit-Bereich. Kommunikationstechnologien wie E-Mail, Intranet & Co sind zwar zumeist vorhanden, werden allerdings nur selten effektiv eingesetzt und kreativ genutzt.

Die Autoren zeigen, welche Rolle E-Mail, Diskussionsforen, Chats etc. im Kommunikationsgeschehen einer Organisation spielen können und wie sich das Potenzial dieser Technologien voll ausschöpfen lässt. Sie lenken den Blick auf die Chancen und Stolpersteine, die mit den neuen Kommunikationsformen verbunden sind. Dabei kombinieren sie theoretische Überlegungen mit erprobten praktischen Hinweisen – etwa zur Moderation von Intranet-Foren, zur Gestaltung von Großveranstaltungen im Netz oder zur Begleitung von Lerngruppen.

Carl-Auer Verlag